中国－东盟渔业资源保护与开发利用丛书

中国－东盟海上合作基金项目(CANC-2018F)"中国－东盟渔业资源保护与开发利用"资助图书

# 淡水观赏鱼

DANSHUI GUANSHANGYU

JIANKANG YANGZHI JISHU

## 健康养殖技术

汪学杰　主编

U0238828

中国农业出版社

农村读物出版社

北 京

## 《淡水观赏鱼健康养殖技术》
# 编 写 人 员

>>>主　　编：汪学杰

>>>副 主 编：牟希东　韦　慧　宋红梅

>>>编写人员：汪学杰　牟希东　韦　慧

宋红梅　刘　超　刘　奕

# 前　言
## FOREWORD

　　本书是"中国-东盟渔业资源保护与开发利用丛书"中的一本，出版该丛书是中国-东盟海上合作基金项目"中国-东盟渔业资源保护与开发利用"中重要的预定任务之一。

　　"中国-东盟渔业资源保护与开发利用"项目由中国-东盟海上合作基金（CANC-2018F）资助，该项目旨在落实中国-东盟海上合作基金项目之渔业科技推广应用职能，搭建中国-东盟渔业资源保护与利用合作平台，深化交流，分享中国在渔业资源保护与开发利用领域的先进技术、成功经验，提升东盟国家渔业资源保护与利用技术水平，促进渔业资源与生态恢复、产业技术升级。该项目针对东盟国家渔业资源保护与开发利用技术需求，以分享我国渔业资源保护与利用技术为核心，通过技术培训和产业化示范，解决渔业资源评价与增殖、生态安全、种业、养殖、病害、饲料、质量安全、冷链运输等产业链中的诸多瓶颈，实现东盟国家渔业资源保护与利用技术提升，在更好地保护渔业资源与水域生态的同时，通过更加科学的、环境友好的开发利用方式，帮助当地农民、渔民提高生产水平，改善生活质量，实现农村、渔村的可持续高质量发展。

　　图书是传播技术的重要媒介。中国在水产养殖技术方面处于世界先进水平，水产养殖业的发展使中国成为世界上第一个养殖产量超过捕捞产量的主要渔业国家，也是唯一的水产养殖产量占全世界水产养殖总产量一半以上（2019年为67%）的国家。中国有许多地区具有与东南亚相近的自然环境、农业环境，在中国丰富的水产养殖技术宝库中，一定有适合东南亚地区的，因此我们以技术图书的形式，推广适用于东南亚地区的水产养殖技术，期望能促进东南亚地区水产养殖业水平的提升，并因此降低东南亚地区捕捞业的强度，更好地保护渔业资源。

观赏渔业是渔业的重要分支，早在2010年，中国"十二五"规划就把观赏渔业作为重点发展的渔业五大产业之一。同时，世界观赏鱼产业自20世纪80年代起进入高速发展时期，观赏鱼产业不再是可有可无的产业。

对于东南亚地区而言，观赏鱼产业虽已经是一个比较有影响力的农业类产业，但仍然具有很大的发展潜力，是水产行业的重要分支，而且在水产养殖业中所占的比重将越来越大。东南亚地区发展观赏鱼产业有五大优势：一是自然环境的优势，即地理和气候的优势，东南亚的气候和水质非常适合大多数观赏鱼的生长繁殖；二是种质资源优势，东南亚地区淡水观赏鱼资源丰富，物种数量居世界第二位，仅次于南美洲亚马孙河流域，毗邻的西太平洋和印度洋是世界上海水观赏鱼物种数量最多的地区；三是贸易基础优势，新加坡长期居于观赏鱼出口量榜首，马来西亚、菲律宾、泰国等国也在观赏鱼世界贸易中占有重要地位；四是技术先发优势，东南亚地区较早开始观赏鱼的人工养殖和繁殖，并创造了不少人工培育新品种，几十年的稳步发展为东南亚积累了大量的技术和人才；五是地理区位与交通的优势，由于地理位置及发达的航空业，东南亚地区的观赏鱼产品可以在1 d内达到欧洲及中国、日本等主要观赏鱼消费地，特别是中国已成为世界最大的观赏鱼消费市场之一（另一个是美国），便捷的交通、庞大的市场及中国对东盟农产品开放的政策，使不少东盟国家已经把中国作为首要的观赏鱼出口目的地。

虽然东南亚国家在观赏鱼养殖技术方面具有先发优势，但是中国也有自己的长处。①中国是金鱼的故乡，在金鱼养殖和育种方面有 1 000 年的经验积累；②由于热带观赏鱼资源贫乏，中国的观赏鱼业界对热带观赏鱼的人工繁殖投入了极大的热情，中国市场上出售的观赏鱼，80%以上是人工繁殖和培育的，中国积累了丰富的热带鱼人工繁殖和养殖经验；③因中国与热带鱼原产地的气候、水质等差异显著，使得中国在水温控制、水质调控、驯化养殖等方面积累了丰富的技术经验，具有一定的技术优势；④中国先进的水产科学、水产养殖技术和理念为观赏鱼养殖的发展提供了雄厚的技术基础。

笔者曾经与很多来自东南亚地区的朋友交流，向他们学习了很多有益的经验，同时也很愿意把我们的一些技术经验介绍给东南亚的同行。我们希望通过这本书，向东南亚地区的朋友们介绍在中国逐渐兴起的观赏鱼养殖新技术，即融合健康养殖和生态养殖理念的、符合渔业可持续发展这一世界潮流的新的观赏鱼生产方式，帮助东南亚地区的观赏鱼养殖业向以人工繁殖和人工养殖为主的、摆脱或减少对自然鱼类资源的索取的，以及节约资源、减少污水排放、不向自然水体排放抗生素和化学药物的环境友好型生产方式转变，在发展观赏鱼生产的同时，保护好自然资源和自然环境，让观赏渔业走上健康发展、可持续发展的道路。

本书包含 14 章，前 4 章介绍基本条件和基本概念，后 10 章分别介绍了 10 个代表性种类的健康养殖方式。其中第一章和第十四章由韦慧副研究员编写，第二、五、六、八、十、十一章由汪学杰研究员编写，第三、四章由汪学杰研究员和牟希东研究员编写，第九、十三章由宋红梅副研究员编写，第七章由刘超助理研究员编写，第十二章由刘奕博士编写。

本书的编写是在"中国-东盟渔业资源保护与开发利用"项目的资助下完成的，得到了编者所在单位，同时也是项目主持单位中国水产科学研究院珠江水产研究所的鼎力支持，得到了项目参加单位仲恺农业工程学院、华南农业大学、华南师范大学、广州大学、广东省水生动物疫病预防控制中心、广州市联鲲生物科技有限公司等单位的大力支持，得到了广东水族业界同仁的无私帮助。本所罗建仁研究员、祥龙鱼场阿玮、藏龙阁明哥、王培欣先生，以及科朗水族、广州斌记水族等为本书提供了部分精美照片，在此表示衷心感谢！

编　者

2022 年 7 月

# 目 录
CONTENTS

前言

## 第五章

### 金鱼的健康养殖

## 第六章

### 锦鲤的健康养殖

## 第七章

### 亚洲龙鱼的健康养殖

## 第八章

### 银龙鱼的健康养殖

# 东南亚自然环境概况

东南亚位于亚洲东南部、太平洋与印度洋之间，包括中南半岛和马来群岛两大部分，包括缅甸、泰国、柬埔寨、老挝、越南、菲律宾、马来西亚、新加坡、文莱、印度尼西亚、东帝汶 11 个国家。除东帝汶外，其余国家为东盟成员国。

中南半岛位于中国和南亚次大陆之间，西临孟加拉湾、安达曼海和马六甲海峡，东临太平洋的南海，为东亚大陆与群岛之间的桥梁。包括越南、老挝、柬埔寨、缅甸、泰国五国以及马来西亚西部、中国云南南部，是世界上国家第二多的半岛。面积 206.5 万 km²，占东南亚面积的 46%。地势北高南低，多山地和高原。北部是古老高大的掸邦高原，海拔 1 500～2 000 m。众多山脉自南向北呈扇状延伸，形成掸邦高原及南部山、谷相间分布的地形格局。

中南半岛地势具有三个比较明显的特征。第一，其地势大致北高南低，多山地、高原，山川大致南北走向，且山川相间排列，半岛地势犹如掌状。第二，其地势久经侵蚀而呈准平原状、喀斯特地形发育，在第三纪造山运动中，印度-马来地块亦有隆起和断裂现象。第三，平原多分布在东南部沿海地区，主要是大河下游面积广大的冲积平原和三角洲。

中南半岛绝大部分位于 10°—20°N，属典型的热带季风气候。每年 3—5 月为热季，冬夏季风均消退，气候炎热，月均气温达 25～30 ℃。一年分旱雨两季，6—10 月为雨季，盛行西南季风，降水充沛；11 月至翌年 5 月为旱季，盛行东北季风，天气干燥少雨。气候特征：全年高温，降水集中分布在夏季，年降水量大部分地区为 1 500～2 000 mm，但有少数地区远多于此数。

东南亚的另一半是马来群岛。马来群岛是世界上最大的群岛，由苏门答腊

1

岛、加里曼丹岛、爪哇岛、菲律宾群岛等 20 000 多个岛屿组成，岛屿面积为 250 多万 km²，约占世界岛屿面积的 20%，沿赤道延伸 6 100 km，南北最大宽度 3 500 km，群岛上的国家有印度尼西亚、菲律宾、文莱、马来西亚（东马来西亚）、东帝汶和巴布亚新几内亚（大部分地区）。

马来群岛主要由印度尼西亚 13 000 多个岛屿、菲律宾约 7 000 个岛屿、东帝汶以及由印度尼西亚、马来西亚和文莱三国分别管辖一部分的加里曼丹岛组成。

印度尼西亚主要岛屿及岛群包括大巽他群岛、小巽他群岛、摩鹿加群岛。菲律宾主要岛屿包括吕宋岛、棉兰老岛、米沙鄢（Visayan）群岛。

加里曼丹岛是世界第三大岛，是属于大巽他群岛的一个大岛屿，面积为 743 330 km²。该岛许多地方都被原始森林覆盖着，是世界上除了南美洲的亚马孙河流域的热带雨林外最大的热带森林。该岛位于地球的赤道，气候炎热，热带动植物应有尽有，如巨猿、长臂猿、象、犀牛，以及各种爬行动物和昆虫。该岛被认为是世界上最重要的生物多样性集中地之一。

苏门答腊岛是世界第六大岛，印度尼西亚第二大岛屿，东北隔马六甲海峡与马来半岛相望，西濒印度洋，东临南海，东南与爪哇岛遥接。面积 434 000 km²。大部分地区被热带森林覆盖，属热带雨林带，气候炎热且极为潮湿，植被有苏门答腊松、南洋松、大王花、香桃木、竹、杜鹃花、兰花、棕榈树、栎树、栗树、乌木、铁木、樟树、檀香木及多种可用来制作橡胶的树种。动物资源也极其丰富，岛上仅哺乳类动物就有 176 种之多，除此之外还有众多的爬行类、两栖类动物。

爪哇岛，南临印度洋，北面爪哇海，是印度尼西亚的第五大岛，印度尼西亚首都雅加达就位于爪哇岛西北。爪哇岛是世界上人口最多、人口密度最高的岛屿之一。全岛面积 126 700 km²。四面环海的爪哇岛属热带雨林气候，没有寒暑季节的更迭，年平均气温为 25～27 ℃，雨量充沛。得天独厚的自然条件使岛上热带植物丛生密布，草木终年常青，咖啡、茶叶、烟草、橡胶、甘蔗、椰子等物产丰富。

除菲律宾北部以外，马来群岛全部位于 10°N—10°S，平均气温 21 ℃，年降雨量自不足 500 mm 至 8 100 mm 以上，大部地区平均年降雨量超过 2 000 mm。每年 7—11 月西南太平洋生成台风达 20 余次，向西、向北移动，菲律宾群岛遭受强风暴雨侵袭最为频繁。

马来群岛的气候分属两种类型。印度尼西亚群岛主要是赤道雨林气候，全年高温多雨。菲律宾群岛属于典型的海洋性热带季风气候，全年炎热、湿润，年分两季，随着季风方向的更换，雨量的季节分配和空间分布发生变化，此外，强大台风的频繁出现是菲律宾群岛气候的重要特征之一。

## 第二节　自然资源

东南亚的主要矿产是石油和锡。马来西亚锡矿砂的产量居世界第一位，印度尼西亚是重要的石油、天然气出口国。除锡外，金属矿产主要还有镍、铁、铜、金、银、铝、锰等；非金属矿产主要有煤炭、宝玉石、萤石、钾盐和石膏等。

马来半岛南部和马来群岛大部分覆盖的植被为热带雨林，中南半岛和菲律宾群岛北部覆盖热带季雨林。整个东南亚地区植被覆盖率高达 80% 左右，生物物种非常丰富，加里曼丹岛生活着 10 种灵长类动物、350 种鸟类、150 种爬行和两栖类动物以及 15 000 多种植物。爪哇岛已知的植物就有 5 000 多种。

东南亚是世界上橡胶、油棕、椰子和蕉麻等热带经济作物的最大产区，重要农作物还包括咖啡、茶叶、烟草、甘蔗、玉米、花生、木棉、番薯、香蕉、南瓜、可可等。马来西亚是世界最大的棕油生产国和出口国，泰国的橡胶生产居世界首位，菲律宾是世界上生产椰子最多的国家。东南亚是世界最重要的稻米产区，水稻是东南亚的主要粮食作物，种植历史悠久，主要分布在肥沃的平原和三角洲地区，泰国、缅甸和越南是世界重要的稻米生产国和出口国。

东南亚国家是重要的渔业生产国，2014 年的统计数据显示，东南亚国家渔业产量占世界产量的 18.3%，其中印度尼西亚、越南和缅甸的渔业产量排全球前十名。主要的养殖种类包括鲶（22%）、罗非鱼（17%）、虾（14%）、鲤（12%）和遮目鱼（9%）。越南是鲶类养殖大国，产量占东南亚鲶类总产量的 45.8%，主要养殖种类是巴沙鱼。虾是价格最高的水产养殖种类，占水产养殖总价值的 31.9%。

## 第三节　水文特征

东南亚中南半岛部分属热带季风气候，其河流具有水量大、含沙量低、有夏汛（4—10 月）、无冰期等特征。中南半岛上有 3 条重要的国际性河流，包括湄公河、伊洛瓦底江和萨尔温江。

湄公河是东南亚重要国际河流，发源于中国唐古拉山的东北坡，在中国境内叫澜沧江，流入中南半岛始称湄公河。干流全长 4 880 km，流域总面积 81.1 万 km²，年径流量 4 633 亿 m³，居东南亚各河首位。湄公河干流河谷较宽，多弯道，经老挝境内的孔（Khone）瀑布进入低地，到柬埔寨金边与洞里萨（Tonle Sap）河交汇后，进入越南三角洲，河流过金边后分成两条河，一条叫湄公河，一条叫巴塞河，在河口附近，湄公河又分成3条汊河入海，金边附近分成前江与后江，三角洲上再分六支，经九个河口入海，故入海河段又名"九龙江"。

湄公河的主要支流都比较短小，长度均只有数百千米。其中最大支流是泰国境内的蒙河，该河发源于呵叻府，河流先向东北流，然后转向东流，最后在空坚附近注入湄公河，河流全长550 km，流域面积15.4万 km²，多年平均流量720 m³/s，其最大支流是锡河。湄公河另一条较大支流是洞里萨河，该河发源于柬泰边境，河流向东南流，最后在金边注入湄公河。该河全长400 km，流域面积是8.4万 km²，年平均流量约960 m³/s，其上游有洞里萨湖。

湄公河地形可分为5个区：北部高原、安南山脉（长山山脉）、南部高地、呵叻高原和湄公河平原。北部高原包括老挝北部、泰国的黎府和清莱省山区，到处是崇山峻岭，高程达1 500～2 800 m，只有少量的高地平原和河谷冲积台地。安南山脉从西北向东南延伸800余 km，北部和中部的山坡较陡，南部为丘陵地区。南坡和西坡受西南季风的影响，雨量较大，而中部河谷较干旱。南部高地包括柬埔寨的豆蔻山脉，东面为绵延山地，西南为丘陵地。呵叻高原包括泰国东北部和老挝的一部分，为长宽各约500 km的蝶状山间盆地，支流蒙河和锡河流经这里。湄公河平原为大片低地，包括三角洲地区。

湄公河流域位于亚洲热带季风区的中心，5月至9月底受来自海上的西南季风影响，潮湿多雨，5—10月为雨季；11月至翌年3月中旬受来自大陆的东北季风影响，干燥少雨，11月至翌年4月为旱季。湄公河流域气温变化较小，最高平均气温越南为30 ℃、泰国为33.5 ℃，最低平均气温老挝为15 ℃、柬埔寨为22.7 ℃；相对湿度为50%～98%。

伊洛瓦底江是亚洲中南半岛的大河之一，缅甸的第一大河。河源有东西两支，东源在中国境内察隅县境伯舒拉岭南麓，中国云南境内称之为独龙江，独龙江东南流经云南贡山独龙族怒族自治县西境，然后折转西南，进入缅甸，过贾冈南流，称恩梅开江。西源迈立开江发源于缅甸北部山区，两江在密支那城以北约50 km处的圭道汇合后始称伊洛瓦底江。河流全长2 714 km，流域面积430 000 km²，整个流域受西部山地和掸邦高原的夹束，呈南北长条状，河口段为扇形三角洲（30 000 km²）。伊洛瓦底江流域分属亚热带和热带季风气候带。1月气温最低，平均20～25 ℃；4月最热，平均25～30 ℃。流域内降雨量丰富，三角洲和北部降雨量2 000～3 000 mm；中游平原雨量少，为500～1 000 mm。7月降雨最多，12月至翌年3月为旱季。

伊洛瓦底江主要支流有大盈江、瑞丽（Shweli）江、钦敦（Chindwin）江、米坦格（Myitnge）江、穆（Mu）河、尧（Yaw）河及蒙（Mon）河等。

其中钦敦江是伊洛瓦底江最大的支流，发源于缅甸克钦邦拉瓦附近，源头叫塔奈（Tanai）河，先由南向北流，继而转向西南，先后接纳乌尤（Uyu）河、曼尼普尔（Manipur）河等支流后，在帕科库附近注入伊洛瓦底江。全长840 km，流域面积11.4万 km²。

萨尔温江在中国称怒江，发源于西藏自治区安多县境内、青藏高原中部唐古拉山脉，经中国云南（保山、临沧）流入缅甸，注入马达班海湾。怒江上游在高原地区，山势较平坦，水量很大，水面较宽，流速不大；中游坡度大，水流湍急，形成高山深谷；下游雨水补充较多，山势开阔，形成农业区，向南流经藏、滇入缅甸，始称萨尔温江。入缅后，依次接纳了左岸的南定河、南卡江，右岸的南登河、邦河等支流。干流纵穿缅甸东部，深切掸邦高原及南北向纵列山谷，谷深流急，是典型山地河流。下游部分河段为缅、泰界河。在毛淡棉附近，分西、南两支入安达曼海的莫塔马湾，并在河口处两支流间形成比卢岛。河长1 660 km（不含中国境内1 540 km），流域面积205 000 km²（不含中国境内120 000 km²），流量受热带季风气候影响，年内变化大。每年6—10月为雨季，河水暴涨，干湿季水位差15～30 m。河口处年均流量8 000 m³/s。全河水力资源丰富。

萨尔温江地势北高南低，由北向南倾斜，呈南北狭长形。上游深入青藏高原腹地，流域开阔，支流众多。中游为横断山峡谷区，流域狭窄，最小宽度仅20 km。下游泸水以下又行开阔，整个流域平均宽度为70 km，地形起伏大、复杂。上源北隔唐古拉山与长江源头水系为邻，东以他念他翁山-怒山为分水岭与澜沧江流域相邻，西和西南以念青唐古拉山-高黎贡山为分水岭与雅鲁藏布江和独龙江为邻。

萨尔温江流域受地形及大气环流影响，气候比较复杂。上游地处"世界屋脊"青藏高原，气候高寒，冰雪期长；下游地势较低，受西南海洋季风影响，炎热多雨；中游山高谷深，垂直气候，变化更为复杂。年平均气温南北相差悬殊，由北向南呈递增趋势。

东南亚地区的另一半为马来群岛，马来群岛由20 000多座岛屿组成，其中有许多大型岛屿，这些大型岛屿上各自有河流分布，受热带海洋气候的影响，岛屿降雨量大，降雨季节性明显，因此河流的宽度及流量也有明显季节性差异。

马来群岛中最大的加里曼丹岛，长度超过400 km的河流有6条，其中最大的卡普阿斯河（Kapuas River）长达1 010 km，位于印度尼西亚西加里曼丹省境内。第二大岛屿苏门答腊岛上河流众多，最大的河流穆西河长约525 km，流域面积63 500 km²。

（文：韦慧）

# 东南亚的观赏鱼资源

东南亚是世界上观赏鱼资源最丰富的地区之一。在淡水观赏鱼资源方面，东南亚地区位居南美洲亚马孙河流域之后，物种数量居世界第二位；在海水观赏鱼资源方面，东南亚毗邻海域是世界上物种数量最多的地区。

## 第一节　淡水观赏鱼资源

最负盛名的原生物种是美丽硬仆骨舌鱼（*Scleropages formosus*）（俗名亚洲龙鱼）。观赏鱼类物种数量最多的族群是鲤科（Cyprinidae），包括鲃属、波鱼属、鲥属、野鲮属等数以百计的物种，给东南亚带来了"鲤科观赏鱼之家"的雅号。除此之外，东南亚的原生观赏鱼还有种类数比较多的鳅科，有丝足鲈科、拟松鲷科等物种不多却影响很大的族群，以及一些鲍科、鳢科、鲶科的特有物种等。

### 一、鲤科观赏鱼类

东南亚是世界鲤科观赏鱼宝库，物种数不少于 200 种，其中大多数为体长不超过 10 cm 的小型鱼类，这些小型观赏鱼类或体色艳丽、或斑纹奇特、或光芒闪耀、或形态特别，是水草缸里的常客。这些鲤科观赏鱼多具有容易养殖、容易繁殖的优点，使他们在世界范围内获得了极大的普及性。

下面罗列一些较为著名的种类，它们不是东南亚原生鲤科观赏鱼的全部，仅仅是一小部分而已，详见表 2-1。

表 2-1　东南亚部分鲤科观赏鱼

| 俗　名 | 英文名 | 中文名 | 学　名 |
|---|---|---|---|
| 银鲨 | Bala shark | 暗色袋唇鱼 | *Balantiocheilos melanopterus* |
| 红鳍银鲫、双线鲫、泰国鲫 | Thailand barb | 多鳞四须鲃 | *Barbonymus schwanenfeldii* |

（续）

| 俗　　　名 | 英文名 | 中文名 | 学　　　名 |
|---|---|---|---|
| 黄金条鱼 | Schuberti barb | 黄金鲃 | *Barbus schuberti* |
| 丽色低线鱲 | | 丽色低线鱲 | *Barilius pulchellus* |
| 宽鳍鱲 | Pale chub | 宽鳍鱲 | *Zacco platypus* |
| 银河斑马鱼 | Celestial pearl danio | 水晶斑马鱼 | *Celestichthys margaritatus* |
| 长椭圆鲤 | Siamese flying fox | 穗唇鲃 | *Crossocheilus oblongus* |
| 暹罗食藻鱼、暹罗飞狐鱼 | Siamese flying fox | 暹罗穗唇鲃 | *Crossocheilus siamensis* |
| 彩虹精灵鱼 | Red shiner | 卢伦真小鲤 | *Cyprinella lutrensis* |
| 闪电斑马鱼 | Pearl danio | 闪电斑马鱼 | *Danio albolineatus* |
| 虹带斑马鱼 | Rainbow danio | 乔氏斑马鱼 | *Danio choprae* |
| 斑马鱼 | Zebra danio | 斑马鱼 | *Danio rerio* |
| 豹纹斑马鱼 | Leopard danio | 斑马鱼 | *Danio rerio* |
| 金线鲃 | Gold stripe danio | 金线鲃 | *Devario chrysotaeniatus* |
| 大斑马鱼 | Sind danio | 大斑马鱼 | *Devario devario* |
| 红尾黑鲨 | Red – tail black shark | 双色角鱼 | *Epalzeorhynchos bicolor* |
| 彩虹鲨 | Rainbow shark | 须唇角鱼 | *Epalzeorhynchos frenatum* |
| 飞狐鱼 | Flying fox | 丽鳍角鱼 | *Epalzeorhynchos kalopterus* |
| 蓝带斑马鱼 | | 微红斑马鱼 | *Microrasbora erythromicron* |
| 黑鲨 | Black shark | 黑野鲮 | *Morulius chrysophekadion* |
| 棋盘鲫 | | 棋盘山鲃 | *Oreichthys coasuatis* |
| 黄帆鲫 | Indian high – fin barb | 山鲃 | *Oreichthys cosuatis* |
| 玫瑰鲫 | Rosy barb | 玫瑰无须鲃 | *Puntius conchonius* |
| 一眉道人 | Denison barb | 丹尼氏无须鲃 | *Puntius denisonii* |
| 皇冠鲫 | Clown barb | 皇冠无须鲃 | *Puntius everetti* |
| 黑斑鲫、紫红鲫 | Blackspot barb | 黑点无须鲃 | *Puntius filamentosus* |
| 五线鲫 | Lined barb | 线纹无须鲃 | *Puntius lineatus* |
| 黑宝石鱼 | Black ruby barb | 黑带无须鲃 | *Puntius nigrofasciatus* |

（续）

| 俗　名 | 英文名 | 中文名 | 学　名 |
|---|---|---|---|
| 金光五间鲫 | Fiveband barb | 五带无须魮 | *Puntius pentazona* |
| 金条鲫 | Goldfinned barb | 沙氏无须魮 | *Puntius sachsii* |
| 条纹小鲃 | Chinese barb | 条纹小鲃 | *Puntius semifasciolatus* |
| 长鳍鲫 | Arulius barb，Longfin barb | 长鳍无须魮 | *Puntius tambraparniei* |
| 虎皮、四间鲫、草虎皮 | Tiger barb | 四带无须魮 | *Puntius tetrazona* |
| 绿虎皮鱼 | Green tiger barb | 婆罗洲无须魮 | *Puntius anchisporus* |
| 金虎皮、金四间 | Gold tiger barb | 四带无须魮 | *Puntius tetrazona* var. |
| 樱桃灯 | Cherry barb | 樱桃无须魮 | *Puntius titteya* |
| 火焰小丑灯 | Spotted rasbora | 白氏泰波鱼 | *Boraras brigittae* |
| 婆罗洲小丑灯 | | 小泰波鱼 | *Boraras merah* |
| 玫瑰小丑灯 | Least rasbora | 拟尾斑泰波鱼 | *Boraras urophthalmoides* |
| 黑金线铅笔灯鱼 | | | *Rasbora agilis* |
| 黑线铅笔灯鱼 | | | *Rasbora taeniata* |
| 红尾金线灯 | Blackline rasbora | 红尾波鱼 | *Rasbora borapetensis* |
| 火红两点鲫 | Bigspot rasbora | 大点波鱼 | *Rasbora kalochroma* |
| 一线长虹灯 | Redstripe rasbora | 红线波鱼 | *Rasbora pauciperforata* |
| 剪刀尾波鱼 | Three－lined rasbora | 三线波鱼 | *Rasbora trilineata* |
| 亚洲红鼻鱼 | Sawbwa barb | 闪光鲃 | *Sawbwa resplendens* |
| 紫艳麒麟鱼、中国银鲤 | | 倒刺鲃 | *Spinibarbus denticulatus* |
| 白云金丝 | White cloud mountain minnow | 唐鱼 | *Tanichthys albonubes* |
| 金三角灯 | Lambchop rasbora | 伊氏波鱼 | *Trigonostigma espei* |
| 正三角灯 | Harlequin rasbora | 异形波鱼 | *Trigonostigma heteromorpha* |
| 蓝三角灯 | Harlequin rasbora | 异形波鱼 | *Trigonostigma heteromorpha* var. |

　　下面我们展示一些在中国市场上常见的原产于东南亚的鲤科观赏鱼，这些鱼在东南亚观赏鱼市场上也是最常见的种类，包括银鲨、泰国鲫、斑马鱼、红尾黑鲨、彩虹鲨、四带无须魮（俗称虎皮鱼、捆边鱼、四间鲫等），见图2-1至图2-6。

图 2-1　银　鲨

图 2-3　斑马鱼

图 2-2　泰国鲫

图 2-5　彩虹鲨

（黑色的是彩虹鲨；肉色的是彩虹鲨的人工
培育品种，俗称粉红鲨）

图 2-4　红尾黑鲨

图 2-6　四带无须鲃

## 二、鳅科观赏鱼

生物学分类属辐鳍鱼纲 Actinopterygii、鲤形目 Cypriniformes、鳅科 Cobitidae，分为 3 个亚科，即条鳅亚科 Noemacheilinae、沙鳅亚科 Botiinae、花

鳅亚科 Cobitinae。

东南亚是世界上主要的鳅科观赏鱼原产地。

鳅为夜行性鱼类，栖息于水底层，喜欢有流水的环境，杂食性，主要以水生昆虫和其他底栖无脊椎动物为食，也会摄食植物碎屑、藻类及浮游生物等。产黏性卵，受精卵黏附于水草或石块上孵化。此科鱼类一般不喜欢太高的水温，产自热带地区的适宜的水温通常在 20～25 ℃。

鳅科观赏鱼体形延长，躯干圆筒状，头部略平扁，身体后部至尾柄略侧扁，体被细小圆鳞或无鳞，主要观赏点在于其体表的花纹。三间鼠鱼（图 2-7）是中国市场上最常见的原产于东南亚的鳅科观赏鱼。青苔鼠鱼（图 2-8）属于双孔鱼科，由于该科种类极少，我们常常将它与亲缘关系较近的鳅科一起介绍。

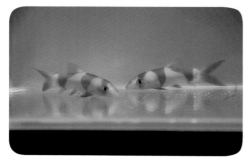

图 2-7 三间鼠鱼　　　　图 2-8 青苔鼠鱼（金色）

东南亚地区常见鳅科观赏鱼见表 2-2。

表 2-2 东南亚地区代表性鳅科观赏鱼

| 俗 名 | 英文名 | 中文名 | 学 名 |
| --- | --- | --- | --- |
| 马头鳅 | Horseface loach | 马头小刺眼鳅 | *Acantopsis choirorhynchos* |
| 丫纹鳅 | Y-loach | 巴基斯坦沙鳅 | *Botia lohachata* |
| 斑马鳅 | Zebra loach | 条纹沙鳅 | *Botia striata* |
| 三间鼠鱼 | Tiger botia | 三带沙鳅 | *Chromobotia macracanthus* |
| 蛇仔鱼 | Coolie loach | 库勒潘鳅 | *Pangio kuhlii* |
| 青苔鼠鱼 | Algae eater | 双孔鱼 | *Gyrinocheilus aymonieri* |

注：青苔鼠鱼属于双孔鱼科。

## 三、 鲇形目观赏鱼类

属辐鳍鱼纲 Actinopterygii、鲇形目 Siluriformes，在淡水观赏鱼中是种类

10

数量很多的族群。鲶形目的淡水观赏鱼在南美洲、非洲、东南亚、东亚、南亚、欧洲均有分布，其中南美洲最多，分布于东南亚的也有数十种，主要来自美鲶科 Callichthyidae。

鲶形目鱼类一般营底栖生活，多数动物性食性或腐肉食性，少数杂食性。鲶形目鱼类多数产黏性卵，卵常产于洞穴中。

最有代表性的种类是苏氏圆腹鲢（图 2-9，又名蓝色巴丁鱼、淡水鲨鱼）。该鱼的白化品种称为水晶巴丁鱼。

图 2-9　苏氏圆腹鲢

市场上常见的鲶形目观赏鱼主要来自南美洲，原产地在东南亚的种类不多，常见东南亚原产鲶形目观赏鱼见表 2-3。

表 2-3　东南亚地区代表性鲶形目观赏鱼

| 俗　名 | 英文名 | 中文名 | 学　名 |
|---|---|---|---|
| 玻璃猫鱼 | Glass catfish | 双须缺鳍鲶 | *Kryptopterus bicirrhis* |
| 长丝鲢 | Giant pangasius | 长丝鲢 | *Pangasius sanitwongsei* |
| 蓝色巴丁鱼、淡水鲨鱼 | Iridescent shark - catfish | 苏氏圆腹鲢 | *Pangasianodon hypophthalmus* |
| 水晶巴丁鱼 | | 苏氏圆腹鲢（白化） | *Pangasianodon hypophthalmus* var. |
| 香槟海象 | | 双斑绚鲶 | *Ompok bimaculatus* Bloch |
| 白剑尾鸭嘴 | | 维氏半鲿 | *Mystus wyckii* |
| 黑金刚巨鲶 | | 瓦氏叉尾鲶 | *Wallago miostoma* |

## 四、丝足鲈科观赏鱼类

属辐鳍鱼纲 Actinopterygii、鲈形目 Perciformes、丝足鲈科 Osphronemidae，该科共 14 属 132 种，均分布于亚洲，其中主要是东南亚和南亚。

丝足鲈科鱼类是东南亚特色鱼类，在世界观赏鱼产业中占有较为重要的地位，该科最著名的种类有五彩搏鱼（图 2-10，又名暹罗斗鱼）、叉尾斗鱼、小蜜鲈（图 2-11，又名丽丽鱼）、毛足鲈、丝足鲈（图 2-12，俗名红招财）等。

图 2-10 五彩搏鱼

图 2-11 小蜜鲈

图 2-12 丝足鲈

表 2-4 是部分东南亚地区原生丝足鲈科鱼类。

表 2-4 部分东南亚地区原生丝足鲈科鱼类

| 俗 名 | 英文名 | 中文名 | 学 名 |
|---|---|---|---|
| 泰国斗鱼、暹罗斗鱼 | Siamese fighting fish | 五彩搏鱼 | *Betta splendens* |
| 英贝利斯斗鱼、和平斗鱼 | Peaceful betta | 新月搏鱼 | *Betta imbellis* |
| 史马格汀娜斗鱼 | Emerald betta | 绿宝搏鱼 | *Betta smaragdina* |
| 科琪娜斗鱼、酒红斗鱼 | Wine red betta | 苏门答腊搏鱼 | *Betta coccina* |
| 丽维达斗鱼 | Jealous betta selangor red fighter | 蓝搏鱼 | *Betta livida* |
| 裘思雅斗鱼 | Tessy's betta | 马来西亚搏鱼 | *Betta tussyae* |
| 布迪加拉斗鱼 | Red brown dwarf fighter | 邦加搏鱼 | *Betta burdigala* |
| 潘卡拉朋斗鱼 | Pangkalanbu dwarf fighter | 庞卡兰搏鱼 | *Pangkalanbun Betta* sp. |
| 卢提兰斯斗鱼 | Redish dwarf fighter | 红搏鱼 | *Betta rutilans* |
| 帕斯风斗鱼 | Black small fighter | 仙搏鱼 | *Betta persephone* |

（续）

| 俗　名 | 英文名 | 中文名 | 学　名 |
|---|---|---|---|
| 迷你欧匹那斗鱼 | Small fin fighter | 红鳍搏鱼 | *Betta miniopinna* |
| 贝利卡斗鱼 | Slim fighting fish | 细长搏鱼 | *Betta bellica* |
| 熊猫斗鱼 | Whiteseam fighter | 白边搏鱼 | *Betta olbimarginata* |
| 旁那克斯斗鱼 | Forrest betta | 好斗搏鱼 | *Betta pugnax* |
| 迪米迪亚塔斗鱼 | Dwarf mouthbrooder | 离搏鱼 | *Betta dimidiata* |
| 艾迪赛亚斗鱼 | Edith's mouthbrooder | 伊迪丝搏鱼 | *Betta edithae* |
| 匹克特斗鱼 | Spotted betta | 爪哇搏鱼 | *Betta picta* |
| 辛普勒斯斗鱼、蓝月斗鱼 | Simple mouthbrooder | 塘搏鱼 | *Betta simplex* |
| 塔耶尼亚塔斗鱼 | Borneo betta | 婆罗洲搏鱼 | *Betta taeniata* |
| 安妮莎斗鱼 | Blue band mouthbrooder | 伊氏搏鱼 | *Betta enisae* |
| 霹雳马斗鱼 | Three lined mouthbrooder | 报春搏鱼 | *Betta prima* |
| 福斯卡斗鱼 | Brown betta | 棕搏鱼 | *Betta fusca* |
| 莎蕾利斗鱼 | Schaller's mouthbrooder | 沙勒氏搏鱼 | *Betta schalleri* |
| 贝隆加斗鱼 | Balunga mouthbrooder | 加里曼丹搏鱼 | *Betta balunga* |
| 奇尼斗鱼 | Chini mouthbrooder | 钦氏搏鱼 | *Betta chini* |
| 汤米斗鱼 | Tomi mouthbrooder | 汤姆氏搏鱼 | *Betta tomi* |
| 西波斯斗鱼 | Big yellow mouthbrooder | 马来搏鱼 | *Betta hipposideros* |
| 瓦色利斗鱼 | Wasers mouthbrooder | 瓦氏搏鱼 | *Betta waseri* |
| 史匹罗斗鱼 | Double lipspot mouth brooder | 斑颊搏鱼 | *Betta spilotogena* |
| 蓝战狗斗鱼 |  | 单斑搏鱼 | *Betta unimaculata* |
| 红战狗斗鱼 | Peacock mouthbrooder | 大口搏鱼 | *Betta macrostoma* |
| 思卓依斗鱼 | Father strohs mouthbrooder | 斯氏搏鱼 | *Betta strohi* |
| 叉尾斗鱼 | Paradise fish | 叉尾斗鱼 | *Macropodus opercularis* |
| 越南黑叉尾斗鱼 | Black paradise fish | 越南斗鱼 | *Macropodus spechti* |
| 黑叉尾斗鱼 | Redback paradise fish | 红鳍斗鱼 | *Macropodus erythropterus* |
| 香港黑叉尾斗鱼 | Hong Kong's black paradise fish | 香港斗鱼 | *Macropodus hongkongensis* |

（续）

| 俗　名 | 英文名 | 中文名 | 学　名 |
|---|---|---|---|
| 绿矛尾天堂鱼 | Spiketail paradise fish | 拟丝足鲈 | *Pseudosphromenus cupanus* |
| 红矛尾天堂 | Brown spike - tailed paradise fish | 戴氏拟丝足鲈 | *Pseudosphromenus dayi* |
| 潘安斗鱼 | Spotted gourami | 克氏畸斗鱼 | *Malpulutta kretseri* |
| 哈维双线斗鱼 | Harverys licorice gourami | 哈氏副斗鱼 | *Parosphromenus harveyi* |
| 帕迪可纳双线斗鱼 | Swamp licorice gourami | 沼泽副斗鱼 | *Parosphromenus paludicola* |
| 耐及双线斗鱼 | Nagy's licorice gourami | 纳氏副斗鱼 | *Parosphromenus nagyi* |
| 酒红戴森双线斗鱼 | Licorice gourami | 戴氏副斗鱼 | *Parosphromenus deissneri* |
| 安琼双线斗鱼 | Anjungan licorice gourami | 加里曼丹副斗鱼 | *Parosphromenus anjunganensis* |
| 欧提那双线斗鱼 | Redtail licorice gourami | 饰尾副斗鱼 | *Parosphromenus ornaticauda* |
| 林开双线斗鱼 | Linkes licorice gourami | 林氏副斗鱼 | *Parosphromenus linkei* |
| 小扣扣 | Sparkling gourami | 短攀鲈 | *Trichopsis pumila* |
| 大扣扣 | Croaking gourami | 条纹短攀鲈 | *Trichopsis vittata* |
| 三线扣扣 | Three stripe gourami | 沙尔氏短攀鲈 | *Trichopsis schalleri* |
| 蓝曼龙 | Blue gourami | 毛足鲈 | *Trichogaster trichopterus* var. |
| 蓝三星 | Three spot gourami | 毛足鲈 | *Trichogaster trichopterus* |
| 金曼龙 | Golden gourami | 金毛足鲈 | *Trichogaster trichopterus* |
| 珍珠马甲 | Pearl gourami | 珍珠毛足鲈 | *Trichogaster leeri* |
| 银马甲 | Moonlight gourami | 小鳞毛足鲈 | *Trichogaster microlepis* |
| 蛇皮马甲 | Snakeskin gourami | 糙鳞毛足鲈 | *Trichogaster pectoralis* |
| 红丽丽 | Honey gourami | 蜜鲈 | *Colisa chuna* |
| 电光丽丽 | Dwarf gourami | 小蜜鲈 | *Colisa lalia* |
| 丽丽 | Dwarf gourami | 小蜜鲈 | *Colisa lalia* var. |
| 蓝丽丽 | Dwarf gourami | 小蜜鲈 | *Colisa lalia* var. |
| 厚唇丽丽 | Thick lip gourami | 厚唇蜜鲈 | *Colisa labiosa* |
| 巧克力飞船 | Chocolate gourami | 锯盖足鲈 | *Sphaerichthys osphromenoides* |
| 苇蓝堤飞船 | Samurai gourami | 瓦氏锯盖足鲈 | *Sphaerichthys vaillanti* |
| 巨人巧克力飞船 | Large chocolate gourami | | *Sphaerichthys acrostoma* |
| 古代战船 | Giant gourami | 丝足鲈 | *Osphronemus goramy* |
| 招财 | Giant gourami | 丝足鲈 | *Osphronemus goramy* var. |
| 紫红战船 | Giant red fin gourami | 宽丝足鲈 | *Osphronemus laticlavius* |

## 五、 美丽硬仆骨舌鱼

美丽硬仆骨舌鱼俗称亚洲龙鱼，属辐鳍鱼纲 Actinopterygii、骨舌鱼目 Osteoglossiformes、骨舌鱼科 Osteoglossidae、坚体鱼属 *Scleropages*，学名 *Scleropages formosus*。

亚洲龙鱼有红龙鱼（Red arowana）、金龙鱼（Golden arowana）（图 2- 13）、青龙鱼（Green arrowana）等 3 个主要分支，有辣椒红龙、血红龙、橘红龙、过背金龙、红尾金龙、数码青龙等再下一层的分支，另外还有一些人工培育的新品种，如驼背红龙、紫艳红龙、金头金龙、七彩金龙、白金金龙等。

图 2- 13　金龙鱼

亚洲龙鱼是东南亚特有的鱼类资源，在东南亚以外的地区没有自然分布。其中红龙鱼主要分布在加里曼丹岛、苏门答腊岛等地，金龙鱼主要分布在马来半岛和苏门答腊岛，青龙鱼则分布最为广泛，柬埔寨、泰国、老挝、马来西亚、缅甸等许多东南亚国家都曾经发现过野生的青龙鱼。

由于亚洲龙鱼野生资源数量的迅速衰减，《濒危野生动植物种国际贸易公约》（CITES）于 1980 年将亚洲龙鱼列入附录 I，禁止对亚洲龙鱼的捕捞和贸易。但是随着 1986 年首次实现人工养殖条件下繁殖的成功，1992 年开始陆续有新加坡、印度尼西亚、马来西亚的养殖场成功取得 CITES 注册，获准人工养殖、繁殖亚洲龙鱼，并准许出口野生种的子二代及其后代，至 2018 年末，上述 3 国的 CITES 注册亚洲龙鱼繁殖场总计已超过 100 家。

亚洲龙鱼是珍贵的观赏鱼资源，虽然野生资源数量很少，但是人工保有的资源量很大，足以满足世界观赏鱼爱好者的需要。目前该鱼在观赏鱼市场中占有重要的地位，是高档热带鱼的代表，特别是在亚洲，其市场份额长期居热带观赏鱼品种的前十位。

## 六、 拟松鲷

拟松鲷即虎鱼，属于辐鳍鱼纲 Actinopterygii、鲈形目 Perciformesi、松鲷科 Lobotidae、拟松鲷属 *Datnioides*。

作为观赏鱼的拟松鲷主要包括泰国虎鱼（*Datnioides microlepis*）（中文名为小鳞拟松鲷）、泰北虎鱼（*Datnioides undecimradiatus*）（中文名曼谷拟松鲷）、印尼虎鱼（*Datnioides pulcher*）（图2-14）、新几内亚虎鱼（*Datnioides campbelli*），前3种均分布于东南亚地区。

图 2-14　印尼虎鱼

拟松鲷是珍贵的鱼类资源，因市场价格高而引起过度捕捞，目前各种野生拟松鲷的自然资源都极度匮乏，已处于濒危状态。

## 七、弓背鱼

属于辐鳍鱼纲 Actinopterygii、骨舌鱼目 Osteoglossiformes、驼背鱼科 Notopteridae。

分布于东南亚的有饰妆铠甲弓背鱼（*Chitala ornata*）（俗称七星刀鱼，见图2-15）和虎纹弓背鱼（*Notopterus blanci*）（俗称虎纹刀鱼），均为著名的观赏鱼种类。

图 2-15　饰妆铠甲弓背鱼

## 八、其他原生淡水观赏鱼

东南亚地区原生观赏鱼资源十分丰富，除了上述常见观赏鱼外，有许多种类还没有得到开发利用。以下是一部分原生淡水观赏鱼：

彩塘鳢 *Mogurnda mogurnda*

睛尾新几内亚塘鳢 *Tateurndina ocellicauda*

道氏短鰕虎鱼 *Brachygobius doriae*（俗名小蜜蜂鱼）

贝氏虹银汉鱼 *Melanotaenia boesemani*（俗名石美人鱼）

月鳢 *Channa asiatica*（俗名珍珠赤雷龙）

小盾鳢 *Channa micropeltes*（俗名铅笔雷龙）

翠鳢 *Channa punctata*（俗名庞克雷龙）

叶鲈 *Polycentrus schomburgkii*（俗名枯叶虎鱼）

银大眼鲳 *Monodactylus argenteus*（俗名银蝙蝠鲳）

# 第二节　海水观赏鱼资源

东南亚国家除老挝为内陆国家外，其余均临海，而其中印度尼西亚、菲律宾等国更是由众多岛屿组成的海洋国家。东南亚国家毗邻太平洋西部和印度洋，是世界海水观赏鱼类的主要产地。

## 一、雀鲷科观赏鱼

属辐鳍鱼纲 Actinopterygii、鲈形目 Perciformes、雀鲷科 Pomacentridae，全世界共计 28 属 348 种，其中在东南亚毗邻海域分布的种类超过 100 种，常见物种如下：

眼斑双锯鱼 *Amphiprion ocellaris*（俗称小丑鱼）

背纹双锯鱼 *Amphiprion akallopisos*（俗称银线小丑鱼）

橙鳍双锯鱼 *Amphiprion chrysopterus*（俗称蓝纹小丑鱼）

克氏双锯鱼 *Amphiprion clarkii*（俗称克氏海葵鱼或双带小丑鱼）

大眼双锯鱼 *Amphiprion ephippium*（俗称印度红小丑鱼）

黑双锯鱼 *Amphiprion melanopus*（俗称黑红小丑鱼）

浅色双锯鱼 *Amphiprion nigripes*（俗称粉红小丑鱼）（图 2-16）

海葵双锯鱼 *Amphiprion percula*（俗称公子小丑鱼）（图 2-17）

图 2-16　浅色双锯鱼　　　　　图 2-17　海葵双锯鱼

鞍斑双锯鱼 *Amphiprion polymnus*（俗称鞍背小丑鱼）

希氏双锯鱼 *Amphiprion thiellei*（俗称伯爵小丑鱼）

六线豆娘鱼 *Abudefduf sexfasciatus*（又称六带豆娘鱼）

17

条纹豆娘鱼 *Abudefduf vaigiensis*（又称五线豆娘鱼或五带豆娘鱼）

黑带光鳃鱼 *Chromis retrofasciata*（又称黑带光鳃雀鲷或黑线雀鲷）

双斑光鳃鱼 *Chromis margaritifer*（又称两色光鳃雀鲷、双色雀鲷、黑白雀）

蓝绿光鳃鱼 *Chromis viridis*（又称蓝绿光鳃雀鲷、青魔）

圆尾金翅雀鲷 *Chrysiptera cyanea*（又称蓝魔鬼或蓝刻齿雀鲷）（图 2 - 18）

图 2 - 18　圆尾金翅雀鲷

半蓝金翅雀鲷 *Chrysiptera hemicyanea*（俗称半蓝魔鬼）

副金翅雀鲷 *Chrysiptera parasema*（俗称黄尾蓝魔鬼）

橙黄金翅雀鲷 *Chrysiptera rex*（又称雷克斯刻齿雀鲷）

史氏金翅雀鲷 *Chrysiptera starcki*（又称黄背蓝天使、史氏刻齿雀鲷）

塔氏金翅雀鲷 *Chrysiptera talboti*（俗称塔氏雀鲷）

宅泥鱼 *Dascyllus aruanus*（俗称三间雀或三带圆雀鲷）

黑尾宅泥鱼 *Dascyllus melanurus*（俗称四间雀或黑尾圆雀鲷）

网纹宅泥鱼 *Dascyllus reticulatus*（又称网纹圆雀鲷）

三斑宅泥鱼 *Dascyllus trimaculatus*（又称三斑圆雀鲷）

青玉雀鲷 *Pomacentrus pavo*（又称孔雀鲷）

王子雀鲷 *Pomacentrus vaiuli*

棘颊雀鲷 *Premnas biaculeatus*（俗称透红小丑鱼）

## 二、蝶鱼科观赏鱼

属辐鳍鱼纲 Actinopterygii、鲈形目 Perciformes、蝶鱼科 Chactodontidae。蝶鱼科鱼类总共有 200 多种，由于色彩艳丽、姿态优美，该科所有种类均为观赏鱼。栖息于珊瑚礁海域或岛屿近海，印度尼西亚附近海域是该科鱼类最多的海域，有60多种，下面列举印度尼西亚、菲律宾、马来西亚及新加坡附近海域的一些常见种类。

熊猫蝶鱼 *Chaetodon adiergastos*（又名乌颈蝴蝶鱼）

人字蝶鱼 *Chaetodon auriga*（又名扬幡蝴蝶鱼）（图2-19）

横纹蝴蝶鱼 *Chaetodon decussatus*

月光蝶 *Chaetodon ephippium*（又名鞍斑蝴蝶鱼）

黑影蝶鱼 *Chaetodon lineolatus*（又名纹身蝴蝶鱼）

月眉蝶鱼 *Chaetodon lunula*（又名月斑蝴蝶鱼）

三带蝴蝶鱼 *Chaetodon lunulatus*（又名弓月蝴蝶鱼、冬瓜蝶）

黑背蝴蝶鱼 *Chaetodon melannotus*

黑斜纹蝶鱼 *Chaetodon meyeri*（又名麦氏蝴蝶鱼）

白脚斜纹蝶鱼 *Chaetodon ocellicaudus*（又名尾点蝴蝶鱼）

黄斜纹蝶鱼 *Chaetodon ornatissimus*（又名华丽蝴蝶鱼）

多鳞霞蝶鱼 *Chaetodon polylepis*（又名霞蝶鱼）

点斑横带蝴蝶鱼 *Chaetodon punctatofasciatus*）

网蝶 *Chaetodon rafflesii*（又名雷氏蝴蝶鱼）（图2-20）

珍珠蝶 *Chaetodon reticulatus*

双印蝶鱼 *Chaetodon ulietensis*（又名乌利蝴蝶鱼）

斜纹蝴蝶鱼 *Chaetodon vagabundus*（又名漂浮蝴蝶鱼）

橙尾网蝶鱼 *Chaetodon xanthurus*（又名红尾蝴蝶鱼）

三间火箭蝶鱼 *Chelmon rostratus*

马夫鱼 *Heniochus acuminatus*

黑白关刀 *Heniochus chrysostomus*

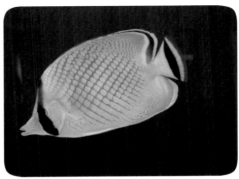

图2-19　人字蝶鱼　　　　　　　　图2-20　网　蝶

印度关刀 *Heniochus varius*

圆翅燕鱼 *Platax pinnatus*

金钱鱼 *Scatophagus argus* （又名金鼓鱼）

## 三、棘蝶鱼科观赏鱼

属辐鳍鱼纲 Actinopterygii、鲈形目 Perciformes、棘蝶鱼科 Pomacanthidae。

本科鱼类又被称为海水神仙鱼，最明显的形态特征是鳃盖骨下部向后呈刺状突出。本科鱼色彩艳丽、斑纹奇特，体形侧扁，但侧扁程度不如蝴蝶鱼。

东南亚毗邻海域常见种类列举如下：

皇后神仙鱼 *Pomacanthus imperator* （图 2 - 21）

马鞍刺盖鱼 *Pomacanthus navarchus*

蓝面神仙鱼 *Pomacanthus xanthometopon*

六线神仙鱼 *Pomacanthus sexstriatus*

珍珠鳞金神仙鱼 *Centropyge aurantius*

石美人神仙鱼 *Centropyge bicolor*

蓝色闪电神仙鱼 *Centropyge bispinosus*

紫背神仙鱼 *Centropyge colini*

虎纹神仙鱼 *Centropyge eibli*

红闪电神仙鱼 *Centropyge ferrugatus*

黄新娘神仙鱼 *Centropyge heraldi*

火焰神仙鱼 *Centropyge loriculus*

八线神仙鱼 *Centropyge multifasciata*

黑尾神仙鱼 *Centropyge vroliki* （图 2 - 22）

蓝条灰神仙鱼 *Chaetodontoplus caeruleopunctaus*

图 2 - 21　皇后神仙鱼

图 2 - 22　黑尾神仙鱼

黄尾神仙鱼 *Chaetodontoplus mesoleucus*
荷包鱼 *Chaetodontoplus septentrionalis*
斑纹神仙鱼 *Genicanthus semifasciatus*

## 四、隆头鱼科观赏鱼

属辐鳍鱼纲 Actinopterygii、鲈形目 Perciformes、隆头鱼科 Labridae。

全世界隆头鱼科共 57 属，约 500 种，是海水鱼类中第二个和鲈形目中第三个种数最多的科。广泛分布于全世界热带和温带海域，以珊瑚礁海域最为丰富。东南亚毗邻西太平洋和印度洋，是珊瑚礁最多的海区之一，隆头鱼科物种资源非常丰富。

隆头鱼科的形态特征是体延长，背部浅弧形，腹部较平直，吻端位偏下，色彩丰富。

下面列举东南亚毗邻海域的一些常见种类。

北斗阿南鱼 *Anampses meleagrides*（又称黄尾阿南鱼、珍珠龙）

似花普提鱼 *Bodianus anthioides*（又称燕尾狐鲷、燕尾龙）

中胸普提鱼 *Bodianus mesothorax*（又称中胸狐鲷、三色龙）

七带猪齿鱼 *Choerodon fasciatus*（又称红横带龙、七彩藩王）（图 2-23）

派氏丝隆头鱼 *Cirrhilabrus pylei*

红喉盔鱼 *Coris aygula*（又称鳃斑盔鱼）

盖马氏盔鱼 *Coris gaimard*（又名红龙）

绿鳍海猪鱼 *Halichoeres chloropterus*

黄身海猪鱼 *Halichoeres chrysus*（又称金色海猪鱼、黄龙）

裂唇鱼 *Labroides dimidiatus*（又称医生鱼）（图 2-24）

眼斑拟唇鱼 *Pseudocheilinus ocellatus*

图 2-23　七带猪齿鱼　　　　　图 2-24　裂唇鱼

### 五、粗皮鲷科观赏鱼

属辐鳍鱼纲 Actinopterygii、鲈形目 Perciformes、粗皮鲷科 Acanthuridae。

全世界粗皮鲷科共有 2 亚科 6 属 72 种，主要分布于西太平洋和印度洋，栖息于热带浅海珊瑚礁海域，因此东南亚毗邻海域物种较为丰富。

粗皮鲷又称刺尾鱼，侧面观似水滴形，侧扁，鳞片细小，侧线中断，尾柄两侧硬棘则演化为 3～6 枚棘突或 1～2 个骨质盾板，其中刺尾鱼属尾柄两侧各有 1 枚坚硬锋利的骨质盾板，是其自卫工具。

下面列举东南亚毗邻海域的一些常见种类。

纵带刺尾鱼 Acanthurus lineatus （又名线纹刺尾鲷、纹倒吊）

白面刺尾鱼 Acanthurus nigricans （又称白面刺尾鲷）

橙斑刺尾鱼 Acanthurus olivaceus （又称一字刺尾鲷、红印倒吊）

黑背鼻鱼 Naso lituratus （又称颊吻鼻鱼、天狗倒吊）

黄尾副刺尾鱼 Paracanthurus hepatus （又称拟刺尾鲷、粉蓝倒吊）（图 2-25）

黄高鳍刺尾鱼 Zebrasoma flavescens （又称黄高鳍刺尾鲷、黄三角倒吊）（图 2-26）

小高鳍刺尾鱼 Zebrasoma scopas （又称小高鳍刺尾鲷、三角倒吊）

高鳍刺尾鱼 Zebrasoma veliferum （又称高鳍刺尾鲷）

图 2-25 黄尾副刺尾鱼

图 2-26 黄高鳍刺尾鱼

### 六、篮子鱼科观赏鱼

属辐鳍鱼纲 Actinopterygii、鲈形目 Perciformes、篮子鱼科 Siganidae。

全世界篮子鱼科仅 1 属 22 种，分布于暖水海洋，栖息于近岸或珊瑚礁区域。

体呈长卵圆形，极侧扁。头小。吻略尖突，或突出而呈管状。

东南亚毗邻海域常见种类列举如下：

狐篮子鱼 *Siganus vulpinus*（又称狐狸）（图 2 - 27）

大篮子鱼 *Siganus magnificus*（又称印度狐狸）

图 2 - 27　狐篮子鱼

## 七、鰕虎鱼科观赏鱼

属辐鳍鱼纲 Actinopterygii、鲈形目 Perciformes、鰕虎鱼科 Gobiidae。

鰕虎鱼科是鲈形目中最大的一个科，也是海水鱼类中最大的一个科，共有 250 属 2 000 种以上，其分布遍及全球，除南北两极外，从海拔 2 000 多 m 到 800 多 m 深的海洋均有分布，其中有半数的种类栖息于珊瑚礁区，主要密集于印度洋—西太平洋暖水区域，因此东南亚毗邻海域鰕虎鱼种质资源极其丰富。

鰕虎鱼体形长，前部略呈圆柱形，后部侧扁。头部大而长，头高稍低于体高。吻长，前端钝圆，正中有一隆突。体被栉鳞或圆鳞，有时鳞退化或完全无鳞。无侧线。多数为小型鱼，体长一般为 100～150 mm，最大者不超过 500 mm。

东南亚毗邻海域常见种类列举如下（仅列举海水种类，未包含淡水种类）：

施氏钝塘鳢 *Amblyeleotris steinitzi*

红斑节鰕虎鱼 *Amblyeleotris wheeleri*

金色鰕虎 *Cryptocentrus cinctus*

华丽线塘鳢 *Nemateleotris decora*

赫氏线塘鳢 *Nemateleotris helfrichi*

丝鳍线塘鳢 *Nemateleotris magnifica*

黑尾鳍塘鳢 *Ptereleotris evides*

丝尾鳍塘鳢 *Ptereleotris hanae*
（图 2-28）

斑马鳍塘鳢 *Ptereleotris zebra*

白天线鰕虎 *Stonogobiops* sp.

黑天线鰕虎 *Stonogobiops nematodes*

条纹鰕虎 *Stonogobiops xanthorhinica*

黑线鰕虎 *Valenciennea helsdingenii*

黑点鰕虎 *Valenciennea wardi*

图 2-28　丝尾鳍塘鳢

## 八、花鮨

属辐鳍鱼纲 Actinopterygii、鲈形目 Perciformes、鮨科 Anthidae，一般指花鮨属 *Anthias* 与拟花鮨属 *Pseudanthias* 鱼类，均为海洋鱼类。

鮨科鱼类广泛分布于热带至温带海域，特别是珊瑚礁海域分布的种类较多，且分布于珊瑚礁海域的种类往往颜色鲜艳，以红色、粉红色和亮黄色等颜色居多，因此用于观赏的种类较多。

该科鱼类体形多为长椭圆形，侧扁，鳞片较小，有一条完整的侧线，上位，尾鳍深叉形。该科许多种类具有雌雄异色性，并有性转化现象。

在东南亚毗邻海域，该科观赏鱼种类较多，常见种类列举如下。

香拟花鮨 *Pseudanthias bartlettorum*

双色拟花鮨 *Pseudanthias bicolor*

刺盖拟花鮨 *Pseudanthias dispar*

黄尾拟花鮨 *Pseudanthias evansi*

条纹拟花鮨 *Pseudanthias fasciatus*（又称条纹拟花鲈）

罗氏拟花鮨 *Pseudanthias lori*

吕宋拟花鮨 *Pseudanthias luzonensis*（又称吕宋拟花鲈）

紫红拟花鮨 *Pseudanthias pascalus*（又称厚唇拟花鲈）

侧带拟花鮨 *Pseudanthias pleurotaenia*（又称侧带拟花鲈）

伦氏拟花鮨 *Pseudanthias randalli*

红带拟花鮨 *Pseudanthias rubrizonatus*（又称红腰拟花鮨、红带拟花鲈）

丝鳍拟花鮨 *Pseudanthias squamipinnis*（又称金拟花鲈、金鱼拟花鮨）

静拟花鮨 *Pseudanthias tuka*（图 2-29）

宽身须花鮨 *Serranocirrhitus latus*（又称宽身花鲈）

图 2 - 29　静拟花鮨

## 九、鳞鲀科观赏鱼

属辐鳍鱼纲 Actinopterygii、鲀形目 Tetraodontiformes、鳞鲀科 Balistidae。

该科有 11 属约 40 种，主要分布于太平洋西部和印度洋的珊瑚礁区域。

体侧扁，长椭圆形或菱形。眼小或中大，上侧位。口小，端位。上下颌每侧常各有1～2行楔状牙齿。背鳍2个。第一背鳍3枚鳍棘，第一鳍棘粗大，其余两鳍棘短小；第二背鳍与臀鳍相似，基底均较长。左右腹鳍合成一短棘，附在腰带骨的末端，短棘与肛门间常有膜状皮膜。以奇特的形态、鲜艳的体色、绮丽的斑纹而深受观赏鱼爱好者青睐。

东南亚毗邻海域常见种类列举如下：

花斑拟鳞鲀 *Balistoides conspicillum*（又称圆斑拟鳞鲀）（图 2 - 30）

波纹钩鳞鲀 *Balistapus undulatus*

叉斑锉鳞鲀 *Rhinecanthus aculeatus*（又称鸳鸯炮弹）

毒锉鳞鲀 *Rhinecanthus verrucosus*（又称黑斑炮弹）

图 2 - 30　花斑拟鳞鲀

黄鳍多棘鳞鲀 *Sufflamen chrysopterus*（又称咖啡炮弹）

尖吻鲀 *Oxymonacanthus longirostris*（又称尖吻单棘鲀，俗名尖嘴炮弹、玉黍炮弹）

## 十、箱鲀科观赏鱼

属辐鳍鱼纲 Actinopterygii、鲀形目 Tetraodontiformes、箱鲀科 Ostraciidae。

全世界箱鲀科共有 14 属约 33 种，分布于太平洋、印度洋、大西洋的热带及亚热带海域，主要是印度洋至太平洋的珊瑚礁海域。

身体呈球形或箱形，鳞片特化成骨质盾板的坚硬外壳，只有口部、肛门、尾柄及鳍条具沟洞而能活动，口小唇厚，具 1 列牙齿，为圆锥状或圆头的门状齿，皆为黄褐色。背鳍单枚，通常位于身体的后半部，与臀鳍相对或稍前方，鳍条均无硬棘，无腹鳍，尾鳍为扇形。

东南亚毗邻箱鲀分布的主要海域，常见种类列举如下：

角箱鲀 *Lactoria cornuta*

福氏角箱鲀 *Lactoria fomasini*

粒突箱鲀 *Ostracion cubicus*

米点箱鲀 *Ostracion meleagris*

蓝带箱鲀 *Ostracion solorensis*

星斑叉鼻鲀 *Arothron stellatus*

## 十一、海龙、海马

海龙与海马均属辐鳍鱼纲 Actinopterygii、刺鱼目 Gasterosteiformes、海龙科 Syngnathidae，此科海马属 *Hippocampus* 统称为海马，海马属之外的统称为海龙。

海龙科鱼类共有 55 属 298 种，主要分布在 45°N—45°S 的热带至寒温带的海水和入海口附近的咸水中，尤以大西洋西部以及印度洋与太平洋的交接海域为多。

东南亚毗邻海龙、海马分布的主要海域，常见种类列举如下：

刁海龙 *Solenognathus hardwickii*

尖海龙 *Syngnathus acus*

拟海龙 *Syngnathoides biaculeatus*

叶形海龙 *Phycodurus eques*

黑胶海龙 *Doryhamphus excisus*

斑节海龙 *Doryhamphus janssi*

多带海龙 *Doryhamphus multiannulatus*

棕海马 *Hippocampus abdominalis*

刺海马 *Hippocampus histrix*

海马 *Hippocampus coronatus*

管海马 *Hippocampus kuda*（图 2-31）

克氏海马 *Hippocampus kelloggi*

三斑海马 *Hippocampus trimaculatus*

图 2 - 31　管海马

## 十二、其他海水观赏鱼

东南亚毗邻的西太平洋和印度洋是暖水海洋，也是珊瑚礁最多的海洋，因此是世界上主要的海水观赏鱼分布区域，除了上述热带海水观赏鱼种类数较多的科，还有很多其他科的海水观赏鱼，种类之多不胜枚举，下面列举一二：

长吻鲻 *Oxycirhites lypus*

真丝金鳍 *Cirrhitichthys falco*

绣鳍连鳍鲔 *Synchiropus picturatus*

花斑连鳍鲔 *Synchiropus splendidus*（俗称皇冠青蛙）

双色异齿鳚 *Ecsenius bicolor*

眼点异齿鳚 *Ecsenius stigmatura*

考氏鳍天竺鲷 *Pterapogon kauderni*（图 2 - 32）

丝鳍高身天竺鲷 *Pterapogon nematoptera*（又名泗水玫瑰）

环纹蓑鲉 *Pterois lunulata*

魔鬼蓑鲉 *Pterois volitans*

黑身管鼻鳝 *Rhinomuraena quaesita*

豆点裸胸鳝 *Gymnothorax favagineus*

哈氏异康吉鳗 *Heteroconger hassi*

图 2 - 32　考氏鳍天竺鲷

（文/图：汪学杰）

27

# 第三章 CHAPTER 3

# 东南亚发展观赏鱼产业的优势

东南亚地区发展观赏鱼产业的优势主要包括：地理气候优势、种质资源优势、贸易基础优势、技术先发优势、地理位置与交通优势等。

## 第一节 地理气候优势

东南亚位于亚洲东南部、太平洋与印度洋之间，包括中南半岛和马来群岛两大部分，包括缅甸、泰国、柬埔寨、老挝、越南、菲律宾、马来西亚、新加坡、文莱、印度尼西亚、东帝汶共 11 个国家。世界各国习惯把越南、老挝、柬埔寨、泰国、缅甸五国称为东南亚的"陆地国家"或"半岛国家"，而将马来西亚、新加坡、印度尼西亚、文莱、菲律宾五国称为东南亚的"海洋国家"或"海岛国家"。其中马来西亚比较特殊，位于加里曼丹岛上的东马的面积比马来半岛上的西马更大，但其人口和经济主体都在半岛上，称为半岛国家或许更恰当。

东南亚经度范围为 $92°$—$140°E$，纬度范围为 $10°S$—$28°26'N$，跨越赤道，绝大部分地区处于南北回归线之间，属于热带地区，只有极少部分地域处于北回归线以北。

东南亚陆地总面积为 4 570 000 km²，其中中南半岛总面积为 2 065 000 km²，约占该地区陆地总面积的 45%。气候类型为热带季风气候，降水丰沛，年降水量大部分地区为1 500～2 000 mm，终年炎热，分旱季、雨季两个季节。森林覆盖率高，农业发达，出产丰富。中南半岛上的主要河流是湄公河，该河自西北向东南几乎贯穿整个中南半岛，是世界第七长河，亚洲第三长河，东南亚第一长河。

马来群岛位于太平洋与印度洋交汇处，同时位于亚欧板块与印度洋板块交界处，多数岛屿地形崎岖，地势高峻，具有植被繁茂、温暖多雨的特点，大体上属热带海洋气候。

对于观赏鱼产业而言，东南亚地区的气候很适合热带观赏鱼，而且水资源充沛，气候、水质均与热带观赏鱼主要产区南美亚马孙河流域很相似，这是其发展观赏鱼产业重要的优势所在。

## 第二节　种质资源优势

东南亚地区生物资源丰富，鱼类种质资源丰富，观赏鱼资源具有门类比较齐全、特色比较突出、特有品种对产业影响大的优点。

东南亚地区淡水观赏鱼资源丰富，物种数量居世界第二位，仅次于南美洲亚马孙河流域；在海水观赏鱼资源方面，东南亚毗邻的西太平洋和印度洋是世界上物种数量最多的地区。

淡水观赏鱼主要包括鲤科、鳅科、鲶科、鳉科、丝足鲈科、鲡科、拟松鲷科等族群，还有种类不多但影响巨大的亚洲龙鱼、暹罗斗鱼等。

东南亚是世界鲤科观赏鱼宝库，物种数不少于200种，其中大多数为体长不超过10 cm的小型鱼类，容易养殖、容易繁殖的优点，使他们在世界范围内获得了极大的普及性。斑马鱼（*Danio rerio*）、四带无须鲃（*Puntius tetrazona*）（别名捆边鱼、虎皮鱼）、多鳞四须鲃（*Barbonymus schwanenfeldii*）（别名双线鲫、泰国鲫、剪刀鲫）等占有很高的市场份额。

该地区也是世界鳅科观赏鱼主要出产地，原生鳅科观赏鱼不少于60种，三带沙鳅（*Chromobotia macracanthus*）（别名三间鼠鱼）、条纹沙鳅（*Botia striata*）（别名斑马鳅）是世界著名的种类，占有较高的市场份额。

丝足鲈科共有132个物种，其主要分布地是东南亚和南亚，多数物种在南亚均有分布，最著名的物种是五彩搏鱼（*Betta splendens*）（又名泰国斗鱼、暹罗斗鱼），它是世界性热带观赏鱼代表种类之一，与孔雀鱼、七彩神仙鱼并称世界三大热带观赏鱼。此外，丝足鲈（*Osphronemus goramy*）（又名长丝鲈、红招财、古代战船、战船）、小蜜鲈（*Colisa lalia*）（又名丽丽鱼、核桃丽丽、电光丽丽等）、蜜鲈（*Colisa chuna*）（又名血丽丽、红丽丽）、叉尾斗鱼（*Macropodus opercularis*）（又名天堂鱼、花手巾等）、毛足鲈（*Trichogaster trichopterus*）（又名曼龙鱼、蓝三星鱼、蓝曼龙、金曼龙等）都是市场普及度很高的种类，占有较高的市场份额。

鲶科观赏鱼分布遍及各大洲，东南亚是其主要产地之一，出自东南亚的苏氏圆腹𩷶（*Pangasianodon hypophthalmus*）（又名巴丁鱼、淡水鲨鱼）原为当地的水产养殖对象，现在在观赏鱼市场是普及度很高的种类。

鳢科观赏鱼主要分布在非洲和亚洲，东南亚是其重要产地，彩塘鳢（*Mogurnda mogurnda*）、月鳢（*Channa asiatica*）（俗名珍珠赤雷龙）、小盾鳢（*Channa micropeltes*）（俗名铅笔雷龙）、翠鳢（*Channa punctata*）（俗名庞克雷龙）等都是在观赏鱼市场有一定影响力的种类。

拟松鲷科是东南亚地区特有鱼类，种类虽然不多，但泰国虎鱼、泰北虎鱼、印尼虎鱼等各个种类都有很高的市场价值。

弓背鱼科种类分布于东南亚的有饰妆铠甲弓背鱼（*Chitala ornata*）（俗称七星刀鱼）和虎纹弓背鱼（*Notopterus blanci*）（俗称虎纹刀鱼），均为著名的观赏鱼种类。

美丽硬仆骨舌鱼（*Scleropages formosus*）（俗名亚洲龙鱼，包括红龙鱼、金龙鱼、青龙鱼等分支）是东南亚特有的鱼类资源，目前该鱼在观赏鱼市场中占有重要的地位，是高档热带鱼的代表，特别是在亚洲，其市场份额长期居热带观赏鱼品种的前十位。

东南亚毗邻海域包括西太平洋和印度洋，是热带海洋观赏鱼种类最多、资源最丰富的地区，是世界海水观赏鱼宝库，具有不可替代的地位。

丰富的物种资源，有利于降低生产成本、降低生产技术难度、保持产品品质（人工繁殖经常补充野生种群，有利于保持遗传多样性，防止种质退化），从而保证产品的市场竞争力，这对于东南亚观赏鱼产业的发展具有非常重要的意义。

## 第三节　贸易基础优势

观赏鱼被称为"贸易鱼"，这是因为，从世界范围来说，观赏鱼的主要生产地和主要消费地重叠度很小，需要通过国际贸易来满足市场需要。

东南亚地区在世界观赏鱼贸易中长期居于非常重要的地位。联合国粮农组织（FAO）的资料显示，2000 年全球主要观赏鱼出口国（地区）的前 15 位中，亚洲国家和地区占 10 个，其中东南亚国家出口额占全球出口总额的比例分别为：新加坡 23.9%、印度尼西亚 7.1%、马来西亚 6.3%、菲律宾 3.7%、泰国 1.3%，东南亚国家出口额占比超过 42%，比其他任何地区都多。2007 年前 9 位主要出口国中，有 4 个东南亚国家，占全球出口总额的比例分别为：新加坡 21.01%、马来西亚 7.98%、印度尼西亚 2.32%、菲律宾 2.30%，4 国总共 33.61%（表 3-1）。尽管两个年代的数据有一些变化，但东南亚地区始终是世界观赏鱼贸易最重要的地区。

表 3-1 2007 年主要观赏鱼出口国的出口份额

| 出口国 | 出口额（千美元） | 占全球出口总额比例（％） |
| --- | --- | --- |
| 新加坡 | 66 079 | 21.01 |
| 美国 | 11 224 | 3.56 |
| 马来西亚 | 25 127 | 7.98 |
| 捷克 | 23 527 | 7.48 |
| 印度尼西亚 | 7 305 | 2.32 |
| 斯里兰卡 | 7 592 | 2.41 |
| 日本 | 20 886 | 6.64 |
| 菲律宾 | 7 382 | 2.30 |
| 以色列 | 13 593 | 4.30 |

注：数据来源于 FAO 统计资料。

观赏鱼贸易的传统优势，为东南亚地区观赏鱼产品的销售提供了巨大的拉力。观赏鱼是一种"贸易鱼"，对国际市场的依存度远高于一般农产品，相当大比例的产品销往国外，贸易的优势对产业发展的作用非常明显。

## 第四节 技术先发优势

东南亚地区很早就成为观赏鱼的生产地。世界海水观赏鱼的主要生产地是东南亚地区，虽然海水观赏鱼的生产方式是捕捞和暂养，技术含量不高，但是生产过程中获得的有关海水观赏鱼的生物学知识和暂养技术，为海水观赏鱼养殖技术的发展奠定了良好的基础，也保证了东南亚地区在海水观赏鱼领域的技术先发优势。

淡水观赏鱼方面，东南亚地区是第二大原生观赏鱼产地。东南亚地区很早就开始了原生观赏鱼的开发，暹罗斗鱼、叉尾斗鱼、斑马鱼、多鳞四须鲃（俗名泰国鲫、双线鲫）、四带无须鲃（俗名虎皮鱼、四间鲫、捆边鱼、草虎皮）、须唇角鱼（俗名彩虹鲨）等原产于东南亚的淡水观赏鱼很早就在全世界推广养殖，亚洲龙鱼自 20 世纪 80 年代后期因人工条件下批量繁殖的成功而获得全球推广，成为淡水观赏鱼中市场影响力最大的物种之一。

在非本土观赏鱼的养殖和繁殖方面，东南亚地区起步很早，在很多方面达到世界先进水平，并且作出了创造性贡献，比如新加坡在20世纪80年代就开展了孔雀鱼（原产地为中美洲）的繁育和推广，同时也把原产于中国的胭脂鱼推广到世界各地。在七彩神仙鱼（原产于南美亚马孙河流域）的养殖和育种方面，马来西亚就培育出几个新品种。20世纪末，马来西亚利用几种原产于南美的慈鲷，杂交创造了轰动一时的观赏鱼新品种——花罗汉鱼，之后，泰国也在此基础上培育出新的花罗汉品种，这些事例都在一定程度上反映了东南亚地区观赏鱼培育技术的先进性和创造性，而这些都是发展观赏鱼产业的重要基础。

## 第五节　地理位置与交通优势

东南亚位于亚洲东南部、太平洋与印度洋之间，是地球航运东西方与南北向的十字路口，地处马来半岛和苏门答腊岛之间的马六甲海峡是这个路口的"咽喉"，因此从地理位置来看，东南亚地区处在地球交通枢纽的位置，具有交通便利的优势。

虽然现代国际观赏鱼运输主要通过航空完成，观赏鱼贸易与航运关系不大，但是地理位置的优越在一定程度上造就了航空运输的优势，新加坡、泰国曼谷都是重要的国际航空中转站，很多东亚与欧洲、东亚与非洲之间的航班在上述两地中转。通过国际航空，从新加坡到达中国广州只需要3 h，到达日本东京6～8 h，途中不需要转包、换水等操作，由于时间短，观赏鱼运输成活率很高。目前，中国和日本都是世界上最大的观赏鱼消费市场，是东南亚观赏鱼产品最重要的销售目的地。

另外，东南亚有很多直达欧洲主要城市的航线，全程不需要中转或经停，耗时12 h左右，观赏鱼的运输成活率也有充分的保障，东南亚各国当地的观赏鱼产品可以方便、稳定地运往欧洲，而欧洲是观赏鱼进口量最大的地区，占全球观赏鱼进口额的40％以上。来自中国和日本的观赏鱼产品也可以通过东南亚的国际机场中转，东南亚的观赏鱼产业通过提供相关的服务获得利益。

所以，优越的地理位置和便利的交通条件为东南亚观赏鱼产品的运输提供了有力支撑，为观赏鱼产品的销售提供了充分的保障，这也是东南亚地区发展观赏鱼产业的重要优势。

（文：汪学杰、牟希东）

# 观赏鱼健康养殖的内涵

## 第一节　健康养殖的概念

健康养殖（healthful aquaculture）是指根据养殖对象的生物学特性，运用生态学、营养学原理来指导养殖生产，通过为养殖动物提供良好的生态环境、充足的全价营养饲料，使养殖动物少生病、少用药，从而保证养殖动物产品中没有或几乎不含有药物残留等有害于人类身体健康的物质。此外，健康养殖对于资源的开发利用应该是良性的，其生产模式是可持续的，对环境的影响是有限的，是在自然修复范围内的。

也就是说，健康养殖包括两方面的内容。一是动物产品，动物产品的健康是对人而言的，是指食用或使用该动物产品不应对人体产生危害，主要是动物产品不应含有对人体有直接或间接危害的药物残留。二是环境，健康养殖的过程不应对环境产生危害，最低限度是不应产生超过环境自净能力的污染，不应释放可能改变生态环境的生物或非生物。

1995 年 FAO 颁布了《负责任的渔业行为守则》，首次以制度文件提出健康养殖的概念和要求。中国农业部在 2003 年发布《水产养殖质量安全管理规定》，通过规定水产品质量安全要求，推动了水产健康养殖的发展。

中国的健康养殖最早是在 20 世纪 90 年代由海水养殖界提出的，之后淡水养殖、生猪养殖和家禽养殖相继引入和推广健康养殖的理念。

就水产养殖而言，对于健康养殖概念的理解与家禽养殖业、家畜养殖业并无明显区别，但在推进实施方面侧重点有所差异。

水产健康养殖，是以现代生物学、生态学、遗传学、生理学、病理学、水产养殖学等科学理论为基础，以生物技术和生物工程为先导，通过优质高效的饲料、清洁并符合养殖对象要求的水体环境、合理的养殖模式、安全有效的疾病防治手段，生产出清洁安全的水产品。同时，养殖生产过程应该是环境友好的，不会对自然环境造成超过其自净能力的污染，即不会造成环境恶化。唯有如此，才是一种可持续的发展模式。

具体而言包括以下几个方面：一是养殖环境良好，主要指水质环境；二是饲料优质，要求无药物残留、消耗吸收率高、废弃物少；三是品种优良或种质优秀，要生长快、抗病力强；四是科学地开展疾病防治，以预防为主，尽量采用非药物预防手段，治病少用药，不使用会增加药物残留和污染环境的药物。

养殖环境的控制是水产健康养殖最重要的一环，是水产健康养殖区别于畜禽健康养殖的一个重要方面，相对而言，环境对鱼的影响远远大于对畜禽的影响，水对鱼的影响巨大，是空气对畜禽的影响远远无法相比的。

鱼类从水中吸收氧气，通过鳃、皮肤直接吸收水体中的各种物质，鱼呼吸排出的二氧化碳、排泄的粪便又回到水中，所以，鱼和水的关系是相互影响的。一方面，水的酸碱度、硬度、盐度、溶解氧量、氮化合物浓度、温度、浮游生物、微生物等都对鱼类产生直接影响，不适当的条件可导致鱼类生长停滞、体质下降、抗病力下降甚至死亡。另一方面，养殖水体中，鱼对水也产生很大的影响。鱼呼吸产生的二氧化碳（$CO_2$）进入水体，与水结合成为碳酸（$H_2CO_3$），具有使水酸化的效果，随着二氧化碳不断溶入，水体会酸化到很高的程度。鱼的排泄物和吃剩的饲料在水中分解，蛋白质、多肽、氨基酸、尿酸等分解成氨（$NH_3$）和铵（$NH_4^+$），铵（$NH_4^+$）是一种碱性离子，但是当其转化为硝酸根（$NO_3^-$）时，又呈很强的酸性，所以水的酸碱度不断地因为鱼的存在而改变着。同时，鱼的排泄物和残饵分解产生的各种物质是水体中浮游植物的养分，在一定范围内，这些物质越多，浮游植物的量也越大，浮游植物吸收这些物质的同时，还吸收水体中的各种无机盐，使水体硬度下降、盐度略微下降，浮游植物繁衍到一定程度，会遮蔽阳光，使水体透明度下降、水温分层明显，温跃层上移，水体溶解氧量发生明显的垂直分布变化，上层溶解氧量较高，下层溶解氧量低，底层甚至接近无氧状态，细菌等微生物的群落、种类构成、数量、分布位置都受此影响，例如，接近无氧的环境滋生厌氧细菌，而很多致病菌为厌氧菌，所以厌氧环境会造成鱼类疾病增多。无数的实践证明，水体环境优良，水质好，养殖对象发病率会很低，必然减少为疾病防控而使用的药物的总量，而且水质控制本身就是预防水生动物疾病的主要措施，这一点大多数养鱼者都有体会。

水和鱼的相互影响是一个复杂的多因子问题，上述内容只是一些简单的论述，但也可以简单地解释为什么水体环境是水产健康养殖中最重要的一环。

水体环境对于健康养殖的重要性不仅在于养殖过程本身，还在于其对于外界环境的影响，在于水产养殖的可持续发展。养殖水质量好，养殖尾水的质量也会好，有些质量好的养殖水本身已经达到了排放标准，可以直接排放，或者即使没有达到排放标准，为达标而进行处理的成本也较低，这样当然有利于水产养殖的可持续发展。

健康养殖的第二项要求是饲料优质。优质饲料有两大特征：一是无药物、添加剂残留，二是符合水产动物营养需求、营养效率高。

无药物、添加剂残留不是指饲料中不能含有药物和添加剂，而是指不能含有或含量不能高到使养殖对象体内相关药物或激素类添加剂的含量超过食品安全标准。饲料中有些添加剂是必须含有的，比如原料中含量不足的矿物质元素（如钙、铁、钾、钠等），以及各种维生素。

优质饲料的第二个特征是符合水生动物营养需求、营养效率高。优质饲料取得的营养效果：一是有利于水生动物健康和成长，使其生长快、少生病；二是饲料中不符合营养需要的成分少，由于各种营养成分比例恰当，多余的、不能吸收的物质少，进入水体内的废物相应减少，可以减缓水体富营养化的速度，有利于保持良好水质。

以往人们对于优质饲料有一些错误理解，包括认为饲料中蛋白质含量越高越好、蛋白质来源于动物蛋白的比例越高越好、饲料系数越低越好、原材料越贵饲料越好、添加剂使用越少越好等，这些都是不科学的观念，是以偏概全的观念，要做好健康养殖，一定要摒弃这种错误观念，施行科学的、全面的营养观。

健康养殖的第三项要求是品种优良或种质优秀。养殖抗病力强的品种可以减少疾病风险，减少投放药物进行疾病防治的概率和用药总量。很多养殖对象并没有人工培育品种，这时，健康养殖要求的就是苗种质量好，一方面是苗种本身的健康状况良好，另一方面是苗种的遗传基因要有比较高的遗传多样性，这是动物抗病能力强的遗传基础。养殖生产要避免使用近亲繁殖的苗种，因为近亲繁殖的苗种往往遗传多样性很低、抗病能力差。

健康养殖的第四项要求是科学地开展疾病防治。疾病防治的策略是以防为主，早发现早治疗，治疗过程避免造成养殖对象体内超量的药物残留及对环境的污染。健康养殖的前三项要求都是有利于疾病预防的，实际上就是疾病预防的主要手段，但并非完全的手段，必要时还应该采取药物预防，而健康养殖要求使用的防病药物应该是无残留或不会导致养殖动物药残超标的，具体可选药物在本书第五章进行介绍。一旦疾病发生，应早发现早治疗，在疾病萌发初期，药物的治疗效果相对较好，因此可以总体减少用药量。对于治疗用药的要求，与预防用药是一样的。

## 第二节　什么是观赏鱼健康养殖

对于观赏鱼养殖而言，由于产品非食用，药物在鱼体内的残留与产品质量无关，因此健康养殖主要考虑养殖过程对环境的影响。从广义上说，一切有利于减少能源消耗、减少物质资源消耗、减少对人类和动物健康的负效应、减少生态负效益甚至能产生正生态效益的方法，都属于健康养殖。从这个角度来说，观赏鱼健康养殖实质上就是观赏鱼环境友好型养殖方式。

何谓环境友好型养殖方式？从字面上理解，就是不损害环境，不会导致环境恶化、生态失衡，甚至对环境有利的养殖方式。笔者认为，对环境有利的养殖主要有 2 种。一是对濒危物种的恢复性养殖，这种濒危物种应该是当地的，恢复性养殖可帮助该物种增加种群数量，遏制种群数量进一步下降的趋势，恢复该物种的生态功能。这种养殖方式一般不视为健康养殖的研究内容，因为健康养殖的对象一般是经济动物。二是养殖有利于减低污染、改善环境的生物，比如水产养殖中，贝类和螺类的养殖由于其贝壳的主要成分是碳酸钙，有利于降低环境中二氧化碳的含量，而摄食浮游植物及有机碎屑的水生动物，例如鲢、鳙、鲫等，能有效降低和减少因富营养化而造成的污染。

观赏鱼的环境友好型养殖，要做到对环境有利、产生正环境效益几乎不可能，因此要实现环境友好的观赏鱼养殖，应该谋求所产生的污染排放低于自然净化能力，并符合所在地的废水排放标准，还有，养殖过程中避免将病原及外来生物带入自然水体，以免对生态系统造成损害。

虽然观赏鱼健康养殖主要从环境的角度考虑，但是，并不是说除了外排水对环境的影响，其他因素就不用考虑。

虽然不需要顾及观赏鱼产品中的药物残留，但是提供良好的生态环境、充足的全价营养饲料，使养殖动物少生病、少用药，这个要求是与食用水产品的养殖一样的，因为用药会导致水体中的药物残留，而生病不但影响观赏鱼的产量，也会影响观赏鱼品相、欣赏价值和销售价格。

所以，健康养殖对于观赏鱼而言，不仅仅是观赏鱼养殖者对社会负责的一种良心选择，也关系到其自身的经济利益。

## 第三节　观赏鱼健康养殖的方法

健康养殖的理念通过物质和操作过程而实现，应融入工具材料的采购和使用、种质的来源和使用、养殖生产、废水和废弃物处理、产品出售等过程，应包括尽量使用可降解、可进入自然物质循环或可长时间循环使用并且其生产过程较少消耗能源的材料和工具；采用节约能源的生产方式；采用水资源循环使用的节水型生产方式；采用人工繁殖苗种，减少对野生动物资源的消耗的苗种获取方式；采用管理好水质，创造良好的生活环境，使鱼少生病、少用药的生产方式；采用尽可能在系统内完成物质循环，减少环境负效应的废水废弃物处理方式等。

观赏鱼健康养殖的理念源自水产健康养殖，但是观赏鱼养殖在养殖对象、养殖器具、生产流程、产品质量要求等多方面与水产养殖有明显的差异，不能完全照搬水产健康养殖的模式，比如中国水产养殖中，常采用"饲料喂养肉食性鱼类或杂食性鱼类-藻类吸收残余饲料及鱼粪-滤食性鱼类摄食藻类"的模式，使氮（N）、硫（S）等物质在微小的池塘生态系统内基本完成转化，少数未能转化的淤泥作为菜地的肥料。这样的生态养殖模式，在观赏鱼养殖中很少能直接套用，但是类似的生态沟净化模式、湿地净化模式可以与水泥池养殖相结合，形成一种适合观赏鱼养殖场使用的循环水养殖模式。

总而言之，观赏鱼的健康养殖，就是在保证观赏鱼健康成长的同时，尽量"不给自然环境添麻烦"的养殖方式。

（文：汪学杰、牟希东）

# 金鱼的健康养殖

传统的金鱼养殖方式，是一种消耗水资源较多、排放污水较多的养殖方式。金鱼健康养殖是通过相应的养殖设施，提供水资源重复利用的必要条件，以及采取相应的管理措施，实现金鱼养殖中少耗水、少排污、少生病、少用药的一种养殖方式。

金鱼养殖场一般采用全周期养殖的方式，即养殖场自己繁殖鱼苗，自己把鱼苗养成商品鱼，这是因为金鱼的个体间质量差异较大，外购鱼苗难以保证产品质量，要想保证产品质量稳定，必须从亲鱼挑选、鱼苗选别入手，再加上商品鱼生产管理中的质量控制。

## 第一节 生物学特性与生活习性

金鱼不是野生鱼类，而是人工选育的养殖品种，严格地说，自然习性的概念于金鱼而言，与野生鱼类的自然习性的含义是不一样的，但其实也是本质的，因为决定金鱼行为的是遗传基因，虽然金鱼的形态与其祖先有很大的差异，但是决定其行为的遗传基因并没有太大的改变。

金鱼的祖先为鲫（*Carassius auratus*）（图 5-1），属于鲤形目、鲤科、鲫属，是野生的鲫经过近 1 000 年的人工养殖和选择，培育出的观赏鱼品种，金鱼的形态与鲫有很大的差异，但是主要习性遗传自鲫，因此可以从鲫的习性推测金鱼

图 5-1 鲫

鱼在一个具有丰富多样性的环境中会有怎样的行为。

鲫的主要形态特征是：骨骼为硬骨，无骨质鳍棘，口裂上缘仅由前颌骨组

成，下咽齿1行，具咽磨，体侧扁，头较小，吻钝，无须，背鳍基部较短，背鳍、臀鳍前缘具有粗壮的、带锯齿的硬刺（性质为假棘）。体内器官中消化系统的特点是：无胃，肠道细长，肠道长度达到体长的5～10倍。

与鲫相比，金鱼的形态发生了很大的变化，主要表现在脊椎弯曲和部分愈合，体形异常丰满；背鳍或已消失；尾鳍发生很大变异，从原来垂直的上下两叶，演变成三叶尾、四叶尾、蝶尾、三角尾、平伏尾、翻转尾、幡尾等不下10种尾型；臀鳍有的演化为左右的两叶、多叶，有的与尾鳍愈合；眼睛也发生了特化，出现了眼球大部突出眼眶的龙睛、眼球上转的朝天眼、无瞳孔的葡萄眼、眼睛下方的水泡等；鳞片有2种畸变形态，即珠鳞和透明鳞；颜色由鲫的灰色、褐色等演变为红色、金色、白色、黑色、棕色、紫色、深蓝、复合色等；头部的变异有：从头顶延伸至面颊的肉瘤（称为虎头或狮头）、头顶的肉瘤（高头和鹅头）、鼻膜衍化而成的绒球等。金鱼的这些变异使其游泳速度变慢，争食能力变弱，抗病力下降，而且更容易受到敌害生物的侵害，使其几乎失去了在自然界生存的能力。从变异发生的过程和目的看，这些变异属于人工特化。

体形和器官的变异使金鱼分化为很多不同的形态，据考证，有史以来包括颜色和形态性状在内的不同表现型有500多个，现存金鱼品种（表现型）近300个，金鱼研究专业人士将金鱼分为草金族、文族、龙族、蛋族，族以下分亚族、系、品种。世界上多个国家有金鱼比赛，包括中国、美国、英国、新加坡、日本等国，比赛的分组与金鱼分类有关但不一样，主要根据当地流行种类而定，常见的有狮头组、琉金组（或称文鱼组）（图5-2）、蝶尾组（图5-3）、龙睛组（或与蝶尾合为一组）、兰寿组、寿星组（或并入兰寿组）、珍珠鳞组、水泡组等。

图5-2　琉金金鱼

图5-3　蝶尾金鱼

金鱼为亚热带及温带淡水硬骨鱼类，营底栖生活，偏植物性的杂食性，摄食浮萍、植物籽实、底栖生物、浮游动物、有机碎屑等，最喜食枝角类（浮游动物，俗称鱼虫、红虫、水蛛等），对人工颗粒饲料接受度高，生存水温 2～35 ℃，适宜水温 20～30 ℃，适应 pH 6.0～9.0，适宜 pH 7.0～8.0，适宜硬度 10°～15°，最低溶解氧要求 1.0 mg/L。1 年性成熟，自然雌雄性比接近 1∶1，繁殖季节以春季为主，非典型的多次产卵类型，产黏性卵，附着基质为水草、树根等，非初次成熟雌性亲鱼卵巢成熟系数为 20%～30%。

金鱼个体小，生长慢，一般 1 龄的金鱼体长不足 10 cm，体重 100 g 以下，最大成年个体体长一般不足 20 cm，少数品种体长可达到 20 cm 以上，草金鱼（图 5－4）体长可达到 30 cm。

图 5－4　草金鱼

# 第二节　金鱼形成的历史

金鱼是世界上第一个人工培育的鱼类品种，是第一个人工养殖观赏鱼。

金鱼的故乡是中国，这是得到世界公认的，毋庸置疑。

对于金鱼诞生的具体时间，不同专家有不同的观点。作为一个有数百个不同表现型的品种，它不可能在某一个时刻突然诞生，实际上，金鱼形成与鲫差别明显的外部特征而成为一个特殊的品种，经历过一个漫长的过程，我们可以从下面这一张金鱼演化历史简表（表 5－1）看出金鱼品种形成的过程。

表 5－1　金鱼演化历史简表

| 年　　代 | 事　　件 | 养殖方式 | 品种演化进程 |
|---|---|---|---|
| 东汉明帝永平二年（59 年，距今近 2 000 年） | 中国第一个佛教寺庙白马寺兴建，建放生池 | 天然 | 野生红鲫 |
| 唐肃宗至德元年（756 年） | 建放生池 81 处，主要放生金鲫，家池出现 | 放生池及家池天养 | 金鲫 |
| 南宋（1127—1276 年） | 嘉杭地区"园亭遍养玩之"，家池养殖盛行，鱼缸出现，专业养殖者出现 | 家池及鱼缸，人工投喂 | 金鲫，出现红色、银白、黑色，颜色分化开始 |

（续）

| 年　代 | 事　件 | 养殖方式 | 品种演化进程 |
|---|---|---|---|
| 明代（1368—1644 年） | 金鱼出现形态变异，盆养方式出现，世界第一部金鱼典籍《朱砂鱼谱》出版，金鱼开始走出国门 | 鱼缸和鱼盆，人工喂养管理，人工选种 | 金鱼形成。骨骼和鳍的变异出现，眼和鳍的特殊形态出现，品种分化开始，有约30 个品种 |
| 清代（1636—1911 年） | 多部金鱼典籍出版，技术和鉴赏的理论同步发展；金鱼走出国门，成为世界性观赏鱼 | 鱼缸和鱼盆养殖，人工选种，引进杂交技术 | 头部肉瘤和绒球的出现使金鱼品种出现新分支 |
| 中华民国（1912—1949 年） | 遗传学在中国的传播及在金鱼育种上的应用 | 鱼缸和鱼盆养殖为主 | 出现一些新品种，部分品种失传 |
| 1980 年后 | 现代育种技术应用于金鱼育种 | 产业化大规模生产逐渐取代庭院经济模式 | 品种总数近 300 个，仍有新品种涌现 |

　　金鱼究竟是何时成为一个源于鲫而有别于鲫的品种，实际上是对"新品种"理解的差别问题，是颜色的可遗传的变异还是唯有骨骼和鳍的可遗传的变异才能够作为品种形成的标志？认为颜色的可遗传的变异是品种形成的标志，持金鱼形成于南宋的观点；而认为颜色的可遗传的变异不能作为品种形成的标志，唯有骨骼和鳍的可遗传的变异能够作为品种形成的标志，则持金鱼形成于明代的观点。

# 第三节　商品鱼健康养殖

　　金鱼的生产包括繁殖、鱼苗培育、商品鱼养殖等环节，金鱼养殖场都独自承担所有环节，有的甚至自己完成零售环节。本节只介绍商品鱼养殖阶段的技术和管理。

　　金鱼的生产不同于家庭养殖，生产的目的是利润，因此追求产量成为必然，而产品质量对产值的影响很大，高质量产品需要投入更高密度的管理、更多的人力成本，并且要在一定程度上牺牲产量。另外，现在我们讲健康养殖，在追求经济效益的同时，还要追求环境效益，要采取节水的、符合可持续发展要求的、不会对环境造成破坏的生产方式，所以，本节介绍的是一种在产量、质量和环境效益三方面综合考虑的生产技术。

## 一、养殖设施

金鱼的商品鱼养殖阶段一般指全长 5 cm 开始一直到上市销售这段时间。

出于对质量、价格、产量及环境效益的平衡的考虑，多数金鱼养殖场、多数金鱼品种的养殖方式是水泥池养殖。水泥池养殖方式有利于保证金鱼质量，有较高的生产效率（生产批量较大），污水处理也较便利，因此本节主要讲述以水泥池养殖为主的养殖模式，也附带简单介绍土塘养殖金鱼的技术。

### （一）自净化水泥池

一般采用自带净化间隔的长方形水泥池，鱼池总面积 5～50 m²，深度 40～80 cm，净化处理区和金鱼养殖区的面积比为 1：（3～10）。金鱼池设计模式图见图 5-5 和图 5-6。

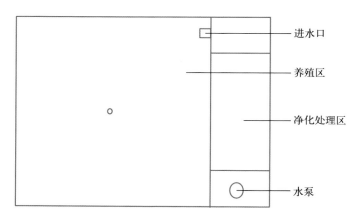

图 5-5　自净化金鱼池俯视图

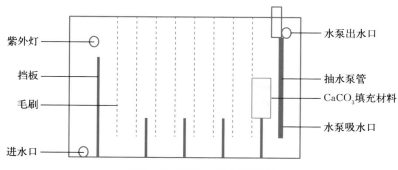

图 5-6　净化区纵向剖面图

传统的金鱼养殖池是一个简单的容器，没有净化水设施设备，水体是静止的，因为金鱼不擅游泳，流动的水会刺激其不停游动，影响尾鳍形态和身体肥胖度。为了培育优质的金鱼，以前很多鱼场都采用这样的鱼池培育金鱼。但是这样的养殖方式也有很大的缺陷，就是需要每天大量换水，甚至隔一两天要把水全部换掉，因为金鱼摄食的饲料通常是弥散性很强的粉料、碎粒料、湿饲料团等，摄入率较低，很大比例残存在水体中，加上金鱼食量大，排泄量大，水体很快被污染。所以，这样的喂养方式不但浪费饲料，大量消耗水资源，劳动量也大，是一种大量消耗各种资源的养殖方式。

采用自净化鱼池养殖金鱼，可以大幅度减少水资源的消耗，大幅度降低工作量，但是如果水流控制不好，也会对金鱼的体形造成不利影响，因此对自净化金鱼池有一些针对性的要求。

自净化金鱼池应把水的流速控制在较低水平，一般一天循环 4～8 遍，另外，进出水口口径要大，使同等流量下流速降低，水泵要采用大口径低扬程的，有些鱼场甚至不用水泵作为循环水动力，而是用气泵，在气石上方套一根适当口径的水管，水管向出水方向倾斜，气泡上升即带动水体向斜上方流动，这样形成的水流流速明显比水泵小，气泵在带动水流的同时也起到了给水体增氧的作用，并且节省了设备和电力成本。

净化区主要的净化功能是生物净化，所采用的过滤材料实际上是硝化菌的载体。过滤材料应该较柔软，便于清洗，如毛刷、人造纤维编织材料等，不宜使用微孔过滤材料，如瓷环、玻璃烧结环、细菌屋、珊瑚砂之类的材料。

紫外灯在金鱼的单池循环净化养殖系统中一般不用，因为藻类在金鱼池适度繁衍有利于金鱼生长，摄食藻类可以补充金鱼需要的维生素，有利于金鱼的健康和颜色表达，而紫外灯的主要功用就是杀灭藻类。但是安装紫外杀菌灯备用也未尝不可，疫病发生时开启紫外杀菌灯有利于控制疫情。

金鱼养殖也可以使用玻璃钢材料、帆布或塑料材质的鱼池，这样的鱼池如果是外购的量产商品，往往难以在容器内分割出一部分做净化系统，但是可以配置外置式过滤系统。

每个鱼池应设排水口，排水口连接排水管，将鱼池排出的尾水导向金鱼养殖场设立的尾水处理系统或排放水处理装置，尾水向养殖场外排放前应达到所在地的污水排放标准。

### （二）生态养殖设施

近几年中国水产养殖界正在推广实施生态养殖模式，其目标是做到养殖尾水零排放。其中一种是"底排水与生态沟循环水养殖模式"，金鱼养殖场可以参考这种模式，无需考虑底排水问题，只需用生态沟对水质进行净化处理，对生态沟处理过的水杀菌杀虫后作为养殖水。生态沟是一种泥底的水渠，生长着较为茂密的挺水植物，尾水进入沟内后，水体中的营养物质不断被植物吸收，到达沟渠末端时基本已达到养殖用水的标准，使用前再用物理方法（比如紫外线照射）进行杀菌杀毒杀虫处理，即可用于养殖。生态沟的净化能力与其中的挺水植物的生物量成正比，在挺水植物密度相对稳定的情况下，生态沟的净化能力与其面积成正比。一般池塘养殖要求生态沟的总面积为养殖水面的10%～15%，金鱼养殖场可以参考这一比例。

每个鱼池应有进水管可以到达，进水的流量应能达到1 h内加满鱼池水的标准。另外，每个鱼池应配备数个连接增氧泵的增氧气头。

金鱼池宜设置在室外，东南亚地区地处热带，水温常年处于较高水平，因此鱼池上方应覆盖遮阳网。遮阳网可用钢架和钢丝支撑，网顶距离池面不少于1.5 m，遮阳网的遮光率不小于80%。

鱼池上宜设遮雨篷，以免雨水突然改变鱼池水温、水质，或造成水位失控溢水跑鱼，或增加病原侵入的风险。遮雨篷与遮阳网使用同一支架，支架的跨度和斜度应适当。遮雨篷应使用轻便而结实的材料。

如果遮阳网和遮雨篷同时使用，或者直接采用具有遮阳和遮雨双重功能的黑白格塑料篷布，则支架承受的力比较大，因为不但所支撑的篷布有一定重量，还有下雨刮风的冲击力，所以一般都采用钢架结构，支撑杆和棚顶的主杆所用的钢管直径一般不小于50 mm。遮雨篷布一般只覆盖在棚顶，侧面用大网目的渔网或遮光率较低的遮阳网遮挡。

（三）水源处理

金鱼养殖场应该建造蓄水池及处理水源的设施，具体何种结构、多大规格，主要取决于水源及鱼场的用水量。如果使用自来水作为养殖水源（不推荐采用，因为成本太高，而且很多地区自来水都较短缺），蓄水池的容量要达到鱼场养殖满负荷时水体总体积的1/5左右，水池要有适量光照，池水要用气泵不间断充气，使自来水中的氯尽快挥发。

如果水源为井水（必须检测其酸碱度、硬度、重金属含量，合格方能使用，高硬度的经软化方能使用），蓄水池的要求和以自来水作水源的情况类似，此蓄水池的作用是让水温与表层水温接近，同时增加水中的溶解氧量。

如果水源为地表水（江河、湖泊、池塘等水体），水源处理池（包括蓄水池）一般要分两级，第一级杀菌消毒，第二级净化、沉淀。第一级消毒池的结构和大小取决于拟采用的消毒方式：如果是药物消毒，池要大，这一级池的大小应与自来水蓄水池差不多；如果是采用紫外光或臭氧杀菌，这一级池的容积只要自来水蓄水池的1/10就够了。第二级池的功能是蓄水并去除水中的有机物和无机微粒，所以一般在一级池和二级池之间安装滤布或滤网，先去除大部分的固形物，然后在二级池内安装生物净化系统，蓄满水之后持续循环过滤，去除溶解于水中的有机物（主要是含氮物质）。二级池的容量应与单一蓄水池相当。

原水经过消毒和水质处理，经检测确认水质合格后方可进入鱼池。原水处理设施应在结构上满足消毒、物理过滤、生物净化的需要，日平均处理能力应超过鱼场的日平均换水量。

## 二、养殖管理

养殖管理的主要内容为：放养和密度控制、饲料和投喂、水体和水质控制、敌害与疾病的预防和控制等。

### （一）放养和密度控制

金鱼一般从全长 5 cm 开始进入商品鱼养殖阶段，但是也有一些尾鳍较短的品种，3 cm 已经可以进入商品鱼养殖模式。养殖者可以根据表 5-2 控制各种规格金鱼的养殖密度，每一个规格的养殖密度都有一个范围，养殖场管理者应根据实际情况进行调整。

表 5-2 金鱼养殖密度表

| 规格（全长或体重） | 3 cm | 4 cm | 5 cm | 6 cm | 7 cm | 8 cm | 9 cm | 100～150 g | 250 g |
|---|---|---|---|---|---|---|---|---|---|
| 密度（尾/m²） | 150～200 | 120～150 | 60～100 | 40～60 | 30～40 | 15～25 | 8～15 | 5～8 | 3～4 |

放养的时间一般选择在晴天的上午，先按照品种、规格向鱼池加水到适当的水位，开启过滤系统，然后检测比较一下鱼苗原来所处的环境和即将放鱼的水池水温是否有差异，如果温差超过 3 ℃ 则需要经过一个适应性过渡的过程，用原来鱼池的水或包装水和将放养鱼的鱼池水各一半，作为配置消毒液的原水，如果温差在 3 ℃ 以内，可以在消毒后直接放入。

放养前鱼苗要挑选一下，淘汰残次品，同样规格的养在同一个池，在以规格为第一划分准则的前提下，还可以按等级再划分不同的群体，放入不同的鱼池。

鱼苗放养前还应进行鱼体消毒，消毒的办法是用高锰酸钾 30 mg/L 浸泡 5～10 min，或 3% 的食盐水浸泡 3～5 min。

### （二）饲养管理

金鱼仔鱼的天然饵料是浮游动物，并且浮游动物是金鱼终生都喜欢吃的，但是体长达到 3 cm 时食性仍然会发生转变，由浮游动物食性转为杂食性。金鱼没有胃，肠道很长，达到体长的 5 倍以上，消化过程比较慢，一般从摄入到排出耗费的时间为 24～36 h，这样的消化系统与其以植物为主的杂食性的特点是相匹配的。在自然条件下，它们不停地吃，一点点地吃，也就是说金鱼的摄食特点是少量多次。另外，金鱼消化食物耗费的时间与所摄食的食物的成分有很大关系，水分越多、干物质越少的食物消化越快，分子越小消化越快，蛋白质消化较快，其次是支链淀粉、直链淀粉、脂肪，纤维素是无法消化的。

现在中国喂养 3～5 cm 的金鱼多采用膨化饲料，蛋白质含量 38％左右，饲料粒径不可大于鱼的口径，每日投喂 4～6 次，每日投喂总量（称为日粮）为总体重的 8％左右，视天气及摄食情况而定。有条件的鱼场可以在其中 1～2 餐投喂枝角类（俗称鱼虫、红虫）。

5 cm 以上的金鱼多采用膨化饲料，蛋白质含量 35％左右，每日投喂 4～6 次，每日投喂总量为总体重的 7％左右，视天气及摄食情况而定。有条件的鱼场可以在其中 1～2 餐投喂枝角类、水蚯蚓（俗称红线虫、棉虫等）、藻莎、浮萍。

### （三）鱼情观察

鱼情观察是金鱼养殖管理中的重要内容，是指观察鱼的状态以及由此反映的其他如水质、养殖密度等情况。一般天亮后至投喂第一餐之前以及傍晚收工前每天两次巡视全场，这是定时鱼情观察，其他时间可不定时观察鱼情。观察时首先看金鱼是不是健康。健康的金鱼平时都在池底活动、觅食，游泳不急不慢，接近喂食时间见到人会一起涌来，表现出很急切地想得到食物的样子；而有病的金鱼外观表现为身体表面缺少光泽，体色黯淡或体表黏膜发白，或身上有炎症、出血点等，在行为上表现为游泳有气无力或挣扎状，贴近池边或池角，身体失衡，无食欲。

发现死鱼要及时捞走，做无害化处理（所谓无害化处理就是杜绝病害传播及污染环境的一种处理方式，鱼的无害化处理方式包括焚烧、撒生石灰粉深埋等）。发现病鱼要捞出、隔离、诊断，根据诊断结果进行下一步处理。

### （四）调整密度

随着金鱼的生长，单位面积水面所能养殖的金鱼数量下降（表 5-2），因此实际养殖密度应每隔一段时间调整一次，使金鱼始终有成长的空间。3～5 cm 的幼鱼阶段，总共历时 1 个月左右，一般在中途即放养半个月后调整密度，到 5 cm 时结合幼鱼挑选再调整一次。

调整密度的方式有 2 种，一是增加养殖面积，二是减少养殖数量。幼鱼养殖中途挑选时，由于一些特征性状还在发育中，还不能完全表现出来，所以淘汰的数量不是很多，如果无法增加养殖面积，恐怕要忍痛割爱，处理掉一部分正常的幼鱼。

## 三、水质管理

水质管理的具体操作因养殖场、养殖池所采用的净化方式的不同而异，符合金鱼健康养殖要求的净化方式实际上有 3 种，即①鱼场共用净化系统（生态沟净化系统）；②自净化鱼池养殖模式；③鱼场共用净化系统＋自净化鱼池。第一种是鱼场所有鱼池的污水一起处理，鱼池不附设独立的净化水系统；第二种是采用自净化养殖池，每个鱼池独立处理水，排出的水不再循环使用；第三种就是鱼场和鱼池均有净化处理系统。

图 5-7 为生态沟净化系统模式图，图中的鱼池可以是不带自净化系统的，也可以是带有自净化系统的，具体的鱼池规格、布局和类型由生产者根据客观条件和自己的要求确定。

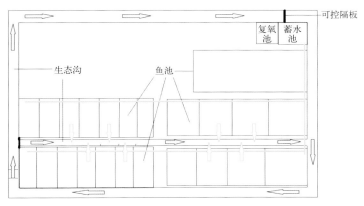

图 5-7　生态沟净化系统模式图

### （一）采用共用净化系统的金鱼场的水质管理

对于以露天或者半露天鱼池作为主要养殖容器的鱼场而言，在目前的技术条件下，共用的净化系统以生态沟最为理想。

采用生态沟净化系统的金鱼养殖场，在净化系统与鱼池的连接方面，有两种方式，一种是自动循环的方式，另一种是手动循环的方式。

所谓自动循环的方式，就是生态沟处理过的水，通过管道自动进入养殖池，养殖池水通过溢流自动回到生态沟前端，重新经过生态沟处理。

手动循环模式，水的流动、净化路线与上述自动循环方式相同，不同的是养殖池加水和排水是人工控制的，不是自动的。管理者认为鱼池需要换水时，开启鱼池排水口，将水排到适当的水位，然后加入经过处理的水。

在水质管理方面，共用净化系统自动循环模式下，应每天检查、检测生态沟处理后的水质是否符合养殖用水标准，达不到标准要立即处理。另外还应每日巡查鱼池水体交换情况（即进水和出水流量是否均匀、是否顺畅）并及时处理，每 3～7 d 清理鱼池内积攒的沉淀物。

手动循环模式下，也要每天检查、检测生态沟处理后的水质是否符合养殖用水标准，达不到标准要立即处理。养殖池要每天换水，具体换水的比例根据生产中摸索的规律决定，必要时养殖池水可100%换新。

根据经验，生态沟处理后的水质一般应达到以下要求：总氨（即离子铵 $NH_4^+$ 与非离子氨 $NH_3$ 的总和）≤0.2 mg/L 或亚硝酸根（$NO_2^-$）≤0.02 mg/L，pH 6.5～8.5，溶解氧≥6.0 mg/L，总硬度 50～200 mg/L。

### （二）仅采用自净化鱼池的金鱼场的水质管理

采用自净化鱼池养殖金鱼，水质管理的劳动量相对较少。

刚开始使用的净化系统，硝化细菌和亚硝化细菌都还没有成长起来，其硝化反应水平较低，可以采取人工添加硝化细菌的办法。由于硝化细菌通常需要 20 d 左右才能成长到最大峰值，开始使用不到 20 d 的系统，其硝化能力还不够强，不能解决养殖过程中产生的全部氨氮，所以，在不添加硝化细菌的情况下，新用的自净化养殖池开始时需要较频繁地换水，2～3 d 就要换水一次。

净化系统运行平稳后，每天早晚观察鱼情，包括鱼的状态和水质情况，如果鱼不活跃、无精打采或者有拖便的情况，应立即换水。另外，观察水体是否清澈、水面是否有浮沫，如果水体不干净，应立即换水，如果水体表观清澈，无太多浮沫，则每 5 d 左右检测一下水质，如果总氨（即离子铵 $NH_4^+$ 与非离子氨 $NH_3$ 的总和）≥0.5 mg/L 或亚硝酸根（$NO_2^-$）≥0.1 mg/L，或者 pH 超出 6.5～8.5 的范围，应立即换水。每次换水的量视水质具体情况而定，如果水质恶化比较严重，应更换至少 1/2 的水，甚至全换，如果水质在金鱼适应范围内，每 7 d 左右换水 1/3 左右即可。

自循环鱼池排出的尾水，不要直接排入公共水体，应先集中，再进行处理，达到当地的排放标准后再排放，或者建人工湿地，使水可以通过渗透排出，固体悬浮污物积攒下来，作为植物的肥料。

### （三）同时采用鱼场共用净化系统和鱼池自净化系统条件下的水质管理

同时具备上述两种净化系统的鱼场，同样因净化系统与鱼池的连接方式的差别，在管理上略有差别。

鱼场共用净化系统以自动循环的形式连接养殖池的，也就是共用循环净化系统处理过的水源源不断地进入养殖池，养殖池内的水同时也不停地从溢水口排出，流入共用净化系统，并且养殖池自身也在不间断地进行内循环，其净化区不间断地处理养殖池内的水。对于这样的养殖系统，日常要做的工作主要是监控，定期检测共用净化系统处理后的水，保证其符合养殖用水水质要求，同时经常巡查各鱼池自循环是否顺畅、沉淀物是否需要清理、养殖池水质情况等。不要求定期换水，只有在检测发现水质不合格时，须仔细查找原因，做相应处理。

如果鱼场共用净化系统以手动循环的形式连接养殖池，那么鱼池水质管理的操作与"仅采用自净化鱼池的金鱼场"一样，只是鱼池进水来自共用净化系统，排水也排入共用净化系统。为了保持水质的稳定，鱼场内的各鱼池最好设置不同片区，以 5～10 d 为周期，不同片区轮流在不同日换水。

## 第四节　疾病防治

金鱼是近亲系数很高、遗传多样性相对较小的生物，因此天生存在抗病力弱的缺陷。

金鱼抗病力弱，容易发生疾病，所以疾病防治对于金鱼而言是非常重要的。

### 一、疾病防治策略

金鱼疾病防治的策略是：以防为主，以治为辅。尽可能避免疾病发生，一旦发生，要严格控制、隔离、避免传染、扩散。金鱼疾病防治的策略与健康养殖的要求是一致的，另外，从健康养殖、保护环境的角度出发，在金鱼疾病防治中还要求：少用药、不用危害环境的药。

要减少发病率，主要是做好以下各方面的措施：

1. 确保水源清洁，无病菌、寄生虫；

2. 保持水质良好，保持足够的溶解氧量、适当的酸碱度、低于警戒线的氨氮和亚硝酸盐浓度；

3. 保持水温水质稳定，避免水温水质骤变，新进的鱼要慢慢过水，使鱼有较长的时间适应水温和水质的变化，避免应激反应；

4. 科学喂养，饲料力求营养丰富、各种营养元素均衡，全面满足金鱼的营养需求，保证金鱼的体质；

5. 注意饲料卫生，谨防病从口入，投喂的鲜活饲料一定要先消毒；

6. 选种、配种时注意避免三代以内血亲配对，降低配对亲鱼间的近亲系数；

7. 池之间尽量避免过水串水，避免交叉感染，如果是用倒池的方法换水，当有病害发生时，应停止倒池；

8. 捕捉和搬运时避免损伤鱼体，避免因外伤诱发细菌感染；

9. 购买来的鱼要先消毒再放池，尽量不混养不同来源的鱼；

10. 不引入疑似带病的鱼。

### 二、常用药物

金鱼的常用药物有很多，大体上可以分为化学药剂、抗生素、草药类，现以表格形式对各种药剂的用途、用法用量等进行简单介绍。

**1. 漂白粉**

漂白粉别名含氯石灰，性状为白色粉末，用途用法见表 5 - 3。

表 5 - 3　漂白粉用途用法

| 用途 | 是常用的消毒剂、水质净化剂、清塘药剂。对于水体中及鱼体表面的细菌、病毒、真菌及藻类都有一定的杀灭作用 |
| --- | --- |
| 用法用量 | ① 清池消毒。干法：配制成 $50\sim100\ \mathrm{g/m^3}$ 浓度，泼洒池底池壁；带水清池：均匀泼洒于水池，使最终浓度达到 $20\sim50\ \mathrm{g/m^3}$<br>② 治病。全池泼洒，使水体中药物最终浓度达到 $0.8\sim1\ \mathrm{g/m^3}$<br>③ 鱼体浸泡消毒。配制成 $10\sim20\ \mathrm{g/m^3}$ 浓度药液，浸泡鱼体约 $10\ \mathrm{min}$<br>④ 工具消毒。用 $5\%$ 浓度药液浸泡工具 $5\ \mathrm{min}$<br>⑤ 隔离区入口消毒。消毒水池中加入 $1\%\sim2\%$ 浓度药液或本品与硫酸铜混合液 |
| 备注 | ① 避光避热干燥处保存<br>② 避免接触金属物品<br>③ 勿与酸、硫黄、铵盐、甲醛等混用<br>④ 使用时注意防腐蚀皮肤、衣物<br>⑤ 存放期越长药效越低，超过半年需重新测定有效氯含量或弃用 |

**2. 漂粉精**

漂粉精别名高效漂白粉，性状为白色粉末，用途用法见表 5 - 4。

表 5 - 4　漂粉精用途用法

| 用途 | 是常用的消毒剂、水质净化剂、清塘药剂。对于水体中及鱼体表面的细菌、病毒、真菌及藻类都有一定的杀灭作用 |
| --- | --- |
| 用法用量 | ① 清池消毒。均匀泼洒于水池，使最终浓度达到 $10\sim20\ \mathrm{g/m^3}$<br>② 治病。全池泼洒，使水体中药物最终浓度达到 $0.4\sim0.8\ \mathrm{g/m^3}$<br>③ 鱼体浸泡消毒。配制成 $5\ \mathrm{g/m^3}$ 浓度药液，浸泡鱼体 $10\ \mathrm{min}$ 左右<br>④ 工具消毒。用 $2\%$ 浓度药液浸泡工具 $5\ \mathrm{min}$<br>⑤ 隔离区入口消毒。消毒水池中加入 $1\%$ 左右浓度药液 |
| 备注 | ① 避光避热干燥处保存<br>② 避免接触金属物品<br>③ 勿与酸、硫黄、铵盐、甲醛等混用<br>④ 使用时注意防腐蚀皮肤、衣物<br>⑤ 存放期越长药效越低，超过半年需重新测定有效氯含量或弃用 |

### 3. 三氯异氰脲酸

三氯异氰脲酸别名强氯精，性状为白色或类白色粉末，用途用法见表 5 - 5。

表 5 - 5　三氯异氰脲酸用途用法

| | |
|---|---|
| 用途 | 是常用的消毒剂、水质净化剂、清塘药剂。对于水体中及鱼体表面的细菌、病毒、真菌及藻类都有较强的杀灭作用，杀菌力为漂白粉的 100 倍左右 |
| 用法用量 | ① 带水清池。均匀泼洒于水池，使最终浓度达到 5～10 g/m³<br>② 治病及杀藻。全池泼洒，使水体中药物终浓度达到 0.2～0.3 g/m³<br>③ 鱼体浸泡消毒。配制成 0.5～1 g/m³ 浓度药液，浸泡鱼体 10 min 左右<br>④ 工具消毒。用 1% 浓度药液浸泡工具 5 min<br>⑤ 隔离区入口消毒。消毒水池中加入 0.1%～0.2% 浓度药液或本品与硫酸铜混合液 |
| 备注 | ① 阴凉干燥通风处保存<br>② 避免接触金属物品<br>③ 勿与酸、硫黄、铵盐、甲醛等混用<br>④ 全池泼洒宜在上午或傍晚<br>⑤ 使用时注意防腐蚀皮肤、衣物 |

### 4. 生石灰

生石灰别名氧化钙，石块状或粉末状，用途用法见表 5 - 6。

表 5 - 6　生石灰用途用法

| | |
|---|---|
| 用法用量 | ① 清池消毒。干法：带水 2～3 cm，用量 100 g/m²，泼洒池底池壁；带水清池：用水发开后均匀泼洒于水池，用量 150～250 g/m³<br>② 鱼病防治。用水发开后均匀泼洒于水池，使水体终浓度达到 15～30 g/m³<br>③ 调节酸碱度。将中性或弱酸性水体转为弱碱性，根据水体原酸碱度，越偏酸（pH 越小）用量越大。用水发开后均匀泼洒于水池，使水体终浓度达到 10～30 g/m³ |
| 备注 | ① 存放在干燥处<br>② 禁止与敌百虫同时使用<br>③ 偏碱性的水体用量酌减 |

### 5. 甲醛

甲醛沸点 -19.5 ℃，是一种无色有强烈刺激性气味的气体，很容易饱和于水中为甲醛溶液，又称福尔马林，其浓度为 36%～40%。甲醛用途用法见表 5 - 7。

表 5 - 7　甲醛用途用法

| 作用原理 | 使蛋白质凝固失活并溶解类脂，对细菌、真菌、病毒和寄生虫都有杀灭作用 |
|---|---|
| 用法用量 | 病鱼池全池泼洒，使水体终浓度达到 $10\sim30$ g/m$^3$ |
| 备注 | ① 避光保存<br>② 禁止与敌百虫、漂白粉、亚甲基蓝、高锰酸钾、强氯精等同时使用<br>③ 避免皮肤接触 |

**6. 聚维酮碘**

聚维酮碘别名聚乙烯吡咯烷酮碘、皮维碘，用途用法见表 5 - 8。

表 5 - 8　聚维酮碘用途用法

| 用途 | 可杀灭细菌、病毒、真菌、芽孢等，是杀病毒效果最好的药物之一 |
|---|---|
| 用法用量 | ① 全池泼洒。用含有效碘 10% 的溶液全池泼洒，使水体终浓度达到 $0.2\sim0.3$ g/m$^3$<br>② 药浴。用含有效碘 10% 的溶液配制成 $10\sim30$ g/m$^3$ 的药浴液，浸泡鱼体或鱼卵 $10\sim20$ min |
| 备注 | ① 密闭避光保存于阴凉处<br>② 勿使用金属容器盛装或泼洒药液<br>③ 接触有机物后药效会迅速衰减，第二天基本无残留<br>④ 安全范围较大，必要时可加倍用药，但用药后 2 h 内需密切观察<br>⑤ 药液黏稠度高，使用时一定要搅动稀释 |

**7. 高锰酸钾**

高锰酸钾别名灰锰氧、过锰酸钾，性状为结晶颗粒，用途用法见表 5 - 9。

表 5 - 9　高锰酸钾用途用法

| 用途 | 常用于鱼池消毒、工具消毒、鱼体消毒、活饵料消毒、皮肤及鳃部疾病的治疗 |
|---|---|
| 用法用量 | ① 鱼池消毒。干法：鱼池放干水，$10\sim20$ g/m$^3$ 的药液泼洒池壁、池底；带水清池：药剂用水全部溶解后均匀泼洒于水池，使最终浓度达到 $2\sim3$ g/m$^3$<br>② 细菌性疾病防治。药剂用水溶解后均匀泼洒于水池，使最终浓度达到 $2\sim3$ g/m$^3$<br>③ 真菌性疾病防治。药剂用水溶解后均匀泼洒于水池，使最终浓度达到 $4\sim5$ g/m$^3$；或者用 15 g/m$^3$ 药液浸浴鱼体 20 min<br>④ 鱼体或鱼卵消毒。30 g/m$^3$ 药液浸浴 $2\sim5$ min |
| 备注 | ① 密闭保存于阴凉干燥处<br>② 忌与甘油、碘、活性炭、鞣酸等研和<br>③ 避免腐蚀皮肤、衣物 |

### 8. 亚甲基蓝

亚甲基蓝别名次甲蓝、美蓝、甲烯蓝，用途用法见表5-10。

表5-10 亚甲基蓝用途用法

| 理化性质 | 深绿色柱状结晶，无臭，易溶于水和乙醇，水溶液呈蓝色，碱性，在空气中稳定。药性较温和 |
| --- | --- |
| 作用原理 | 通过氧化和还原反应杀灭细菌、真菌和某些寄生虫 |
| 用途 | 用于防止水霉病、烂尾病、小瓜虫病、车轮虫病、指环虫病等 |
| 用法用量 | ① 全池泼洒。使水体终浓度达到 $2\sim4\ g/m^3$，隔 24 h 以上可再用一次<br>② 药浴。$10\ g/m^3$ 的水溶液浸泡鱼体 $10\sim20$ min |
| 备注 | ① 保存于阴凉干燥处<br>② 肥水中使用效果较差，可酌情增量 |

### 9. 氟苯尼考

氟苯尼考别名氟甲砜霉素，用途用法见表5-11。

表5-11 氟苯尼考用途用法

| 主要性质 | 白色结晶性粉末，无臭，微溶于水 |
| --- | --- |
| 作用原理 | 干扰细菌蛋白质合成，为广谱抗菌药 |
| 用法用量 | ① 口服。剂量为每天每千克体重 $7\sim15$ mg，连用 $3\sim5$ d<br>② 肌肉注射。剂量为每天每千克体重 $5\sim10$ mg，每天 1 次，连用 $2\sim3$ d |
| 备注 | 本品为国标兽药（水产用） |

### 10. 恩诺沙星

恩诺沙星别名乙基环丙沙星，用途用法见表5-12。

表5-12 恩诺沙星用途用法

| 理化性质 | 白色或淡黄色结晶性粉末，无臭，味微苦。易溶于碱性溶液中，微溶于水和甲醇，不溶于乙醇 |
| --- | --- |
| 作用原理 | 阻断细菌DNA的复制，使细菌无法繁衍，从而起到抗菌作用。有很强的渗透性，广谱抗菌，对所有水生动物的病原菌都有很强的抗菌活性 |
| 用途 | 对嗜水气单胞菌、荧光假单胞菌、弧菌、柱状黄杆菌、链球菌、巴斯德菌、爱德华菌等绝大多数水生动物致病菌均有较强的抑制作用。对肠炎及皮肤炎症尤其有效 |
| 用法用量 | ① 口服。剂量为每天每千克体重 $20\sim40$ mg，连用 $3\sim5$ d<br>② 肌肉注射。剂量为每天每千克体重 $5\sim10$ mg，每天 1 次，连用 $2\sim3$ d |
| 备注 | 本品为国标兽药（水产用） |

### 11. 诺氟沙星

诺氟沙星，别名氟哌酸，用途用法见表 5-13。

表 5-13 诺氟沙星用途用法

| | |
| --- | --- |
| 主要性质 | 白色或淡黄色结晶性粉末，遇光颜色变深，无臭，味微苦。易溶于酸性溶液中，微溶于水和乙醇 |
| 作用原理 | 本品为第三代喹诺酮类药，通过损害细菌 DNA 而达到抑菌杀菌作用。广谱抗菌，对所有水生动物的病原菌都有很强的抗菌活性，对肠道细菌感染尤其有效，不易产生耐药性 |
| 用法用量 | ① 口服。剂量为每天每千克体重 20~25 mg，连用 3~5 d<br>② 肌肉注射。剂量为每天每千克体重 5~10 mg，每天 1 次，连用 2~3 d |
| 备注 | 避光保存 |

### 12. 大蒜素

大蒜素用途用法见表 5-14。

表 5-14 大蒜素用途用法

| | |
| --- | --- |
| 主要性质 | 白色粉末，有大蒜臭 |
| 作用 | 对球菌、大肠杆菌、痢疾杆菌、结核杆菌等有抑制甚至杀灭作用，对真菌有抑制作用。用于治疗细菌引起的肠炎、烂鳃、赤皮病、打印病、腐皮病、烂尾病及细菌性出血病等 |
| 用法用量 | 拌饵口服，每天每千克体重 40~80 mg，连用 3~5 d |
| 备注 | 本品未列入国标兽药（水产用），不可直接施放于水体 |

### 13. 硫酸铜

硫酸铜别名蓝矾、胆矾，用途用法见表 5-15。

表 5-15 硫酸铜用途用法

| | |
| --- | --- |
| 主要性质 | 蓝色结晶体，易溶于水，高温脱水后为白色粉末 |
| 作用原理 | 溶解于水后，铜离子破坏虫体的氧化还原酶，阻碍虫体的新陈代谢，或直接与虫体蛋白质结合使之失去活性，从而杀灭虫体 |
| 功效 | 用于防治鳃隐鞭毛虫病、车轮虫病、斜管虫病、口丝虫病、孢子虫病、钟形虫病等，对青苔、藻类、真菌也有杀灭作用 |

（续）

| 用法用量 | 可单用，可与其他药物合用，常用方法有：<br>① 药浴。8～10 g/m³ 浸浴 15～30 min<br>② 全池泼洒。终浓度 0.7 g/m³<br>③ 硫酸铜与硫酸亚铁混合药剂（5∶2），全池泼洒，终浓度 0.7 g/m³ |
|---|---|
| 备注 | ① 本品为国标兽药（水产用）<br>② 勿用金属容器盛装<br>③ 勿与碱性物质混合<br>④ 安全范围小，切勿随意增大剂量 |

### 14. 敌百虫

敌百虫用途用法见表 5 - 16。

表 5 - 16 敌百虫用途用法

| 理化性质 | 白色结晶粉末，易溶于水，在中性或弱酸性溶液中比较稳定，在碱性溶液中转化成敌敌畏，毒性增强。易吸潮结块 |
|---|---|
| 作用原理 | 水解后与虫体的胆碱酯酶结合，使胆碱酯酶活性受到抑制，失去水解乙酰胆碱的能力，造成乙酰胆碱蓄积，致使神经功能失常而死亡 |
| 功效 | 用于防治指环虫病、三代虫病、小瓜虫病、毛细线虫病、嗜子宫线虫病、锚头鳋病、鱼虱病、中华鳋病等寄生虫病，还可用于杀灭剑水蚤、水蜈蚣等害虫 |
| 用法用量 | ① 药浴。90％晶体敌百虫 1 g/m³ 浸浴 15～30 min<br>② 全池泼洒。90％晶体敌百虫溶解后泼洒，终浓度 0.2～0.5 g/m³<br>③ 内服。拌饵口服，每天每千克体重 0.1～0.4 g，连用 3～5 d |
| 备注 | ① 本品为国标兽药（水产用）<br>② 勿用金属容器盛装<br>③ 勿与碱性物质混合<br>④ 勿与甲醛同时使用<br>⑤ 密闭保存于阴凉干燥处 |

### 15. 甲苯咪唑

甲苯咪唑别名甲苯达唑，用途用法见表 5 - 17。

表 5 - 17 甲苯咪唑用途用法

| 主要性质 | 白色或米黄色粉末，无臭无味，不溶于水 |
|---|---|
| 作用原理 | 抑制虫体对葡萄糖的利用，使虫体能量耗尽而亡 |

（续）

| 功效 | 为广谱、高效、低毒驱虫药，可杀灭指环虫、三代虫、鱼虱等寄生虫 |
| --- | --- |
| 用法用量 | 加水 2 000 倍搅拌成悬浊液，全池泼洒，终浓度 0.2～0.5 g/m³ |
| 备注 | ① 本品为国标兽药（水产用）<br>② 密闭保存于阴凉干燥处 |

### 16. 阿维菌素

阿维菌素别名伊维菌素，用途用法见表 5-18。

表 5-18　阿维菌素用途用法

| 主要性质 | 乳油，无臭无味，不溶于水，易溶于甲醇、乙醇、丙酮、醋酸乙酯 |
| --- | --- |
| 作用原理 | 抗生素类杀虫剂，属昆虫神经毒剂。广谱抗寄生虫药，对线虫生活史各阶段均有效，主要用于防治鱼体和鳃部寄生虫 |
| 用法用量 | 加水 2 000 倍以上搅拌成悬浊液，全池泼洒，阿维菌素终浓度 0.15～0.2 mg/m³ |
| 备注 | ① 本品非国标兽药（水产用）<br>② 宜采用喷洒方式保证水体内药物分布均匀<br>③ 勿在阴雨天缺氧时施用<br>④ 中国境内不建议使用，其他国家和地区视当地相关法律规定决定是否使用。如使用了该药物，1 个月内该水体勿排入公共水体 |

### 17. 戊二醛

戊二醛用途用法见表 5-19。

表 5-19　戊二醛用途用法

| 主要性质 | 略带刺激性气味的无色或微黄色的透明油状液体，溶于水。灭菌浓度为 2% |
| --- | --- |
| 作用原理 | 使蛋白质凝固失活并溶解类脂，对细菌、真菌、病毒和寄生虫都有杀灭作用 |
| 用法用量 | 病鱼池全池泼洒，使水体终浓度达到 0.2～0.5 g/m³ |
| 备注 | ① 避光保存<br>② 避免吸入<br>③ 避免皮肤接触<br>④ 用药期间须增氧 |

### 18. 其他药物

食盐（氯化钠）是金鱼养殖中常用的一种药物，有杀灭细菌、抑制真菌和寄生虫的作用，常用于金鱼的鱼体消毒、辅助治疗、病后恢复等。

中草药是中国水产病害防治中提倡使用的药物，目前有 40 多种植物类药物及更多种类的中成药在水产病害防治中使用，在杀菌、杀虫、抗病毒、抑制真菌、病后调养等各方面均有相应的药物。主要用于水产病害防治的中草药有：黄连、大黄、地黄、黄柏、黄芩、板蓝根、十大功劳、茵陈、大青叶、大叶桉、白头翁、鱼腥草、生姜、大蒜、紫苏、辣椒、连翘、辣蓼、艾叶、车前草、马齿苋、穿心莲、菖蒲、青蒿、韭菜、五倍子、槟榔等，数量众多，功效不一，在此不一一枚举。

中国目前尚无观赏鱼用药的专门规定，所以观赏鱼用药原则上按水产用药的规定执行。从环境保护的角度看，不论观赏鱼还是食用鱼，养殖水体外排时均不能把抗生素、难降解的渔药等带入公共水域，据此衍生出一个原则，即抗生素类药品不得外用，不得直接泼入水体。这无疑是合理的、科学的。但是从食品安全角度，即鱼肉中的药物残留的角度而限制使用的药物，其实对观赏鱼来说没有必要。

东南亚地区在金鱼疾病防治中，使用药物应该符合当地的法律和规定，没有对观赏鱼进行专门规定的，可参照水产养殖药物管理相关规定。

## 三、主要常见病

金鱼疾病较多，限于篇幅不便全面介绍，在此介绍一些有代表性的疾病的症状和防治方法。

### 1. 细菌性烂鳃病

【病原】柱状黄杆菌、柱状屈挠杆菌。

【症状】①呼吸急促；②鱼体发黑、失去光泽，头部尤其乌黑；③揭开鳃盖可见到鳃部黏液过多、鳃的末端有腐烂缺损、鳃部常挂淤泥；④病情严重时鳃盖"开天窗"，即鳃盖上的皮肤受破坏造成鳃盖中部透明；⑤高倍显微镜下观察可见到大量的病原菌。

细菌性烂鳃与寄生虫性烂鳃、病毒性烂鳃相比，最明显的特征是鳃部挂淤泥。患烂鳃病金鱼的鳃部症状与锦鲤同种疾病相似。

【预防措施】预防细菌性烂鳃病的关键是做好水质调控。水泥池养殖要求水体清澈、基本没有悬浮物，配置功率适当的高效过滤装置，使水体内非离子氨、亚硝酸盐都控制在 $0.01\,mg/L$ 以下；保持水体内有充足的溶解氧；控制适当的放养密度；春夏季节每半个月泼洒药物杀菌一次，常用药物和终浓度是：漂白粉 $1\,g/m^3$、二氧化氯 $0.2 \sim 0.3\,g/m^3$、三氯异氰脲酸 $0.3\,g/m^3$，或按照药物使用说明书所嘱施用。

【治疗方法】细菌性烂鳃病是常见病、多发病，但是治疗并不困难。一般采用水体泼洒药物的方式，有很多杀菌药物都是有效的，最常用的药物治疗方法是以下几种（每一条是一个独立的处方）：

① 碘制剂（包括季铵盐碘、聚维酮碘、络合碘等）泼洒水体，含有效碘1%的药物的使用剂量为 $0.5\,g/m^3$，隔天再用1次。

② 水体泼洒漂白粉 1 g/m³，或二氧化氯或二氯异氰脲酸钠或三氯异氰脲酸 0.2～0.3 g/m³，隔 2 d 再施用 1 次。

③ 中草药治疗：大黄或乌桕叶（干品）或五倍子等，剂量 2～5 g/m³，煮水泼洒。

**2. 竖鳞病**

【病原】竖鳞病又叫立鳞病、松鳞病、松球病，也是一种很常见的细菌性鱼病。

【症状】患病鱼全身鳞囊发炎、肿胀积水，鳞片因此几乎竖立，鳞片之间有明显缝隙而不像正常鱼的鳞片那样紧贴，整条鱼看上去比正常的鱼肥胖很多。所以，竖鳞病更科学的称谓应该是鳞囊炎。患病鱼体表症状见图 5-8。

图 5-8 患竖鳞病的金鱼
（由王培欣提供）

【诊断方法】竖鳞病可以用肉眼诊断，凡是鱼全身的鳞片不紧贴身体、看上去鳞片之间有明显的缝隙，就可以确诊为竖鳞病。关键点是，竖鳞是全身性的，其他的炎症可能造成局部鳞片松散，那不能算竖鳞病。

【预防措施】

① 经过长途运输的鱼要进行体表消毒；

② 尽量避免水温过高或起伏；

③ 保持良好水质，避免氨氮、亚硝酸盐超标；

④ 露天鱼池每半个月进行一次水体消毒，药物和剂量同烂鳃病预防一样。

【治疗方法】

① 3％食盐水浸泡鱼体 10 min，每天 1 次，连用 3 d。须注意有些鱼类不能承受，浸泡时要注意观察，随时终止。

② 碘制剂（包括季铵盐碘、聚维酮碘、络合碘等）泼洒水体，含有效碘 1％的该药物的使用剂量为 0.5 g/m³，隔天再用 1 次。

③ 水体泼洒漂白粉 1 g/m³，或二氧化氯或二氯异氰脲酸钠或三氯异氰脲酸 0.2～0.3 g/m³，隔 2 d 再施用 1 次。

④ 氟苯尼考（兽用）拌饲料投喂，药量按每千克鱼体每天 100 mg。

⑤ 腹腔注射硫酸链霉素（兽用），每千克鱼体 10 万 IU。

⑥ 肌肉注射青霉素钾（兽用），每千克鱼体 20 万 IU。

**3. 皮肤发炎充血病**

【病原】荧光假单胞菌等。

【症状】属于赤皮病的一种，症状与其他养殖鱼类的赤皮病基本相同，即身体表面，包括躯干、头部、尾柄各部位的表皮泛红、有血丝，严重时尾鳍基部严重充血、尾鳍血丝明显而且尾鳍末端腐烂。

【诊断方法】诊断主要是靠肉眼观察判断，如果仅有上述症状而没有其他的器官病变，没有大量突发性死亡，就基本可以断定是这种病。

【预防措施】该病是金鱼的多发病、慢性病，因此预防尤其重要，具体方法如下：

① 搬运操作时尽量避免鱼体受伤。

② 保持良好水质。池塘养殖应保持水质的"肥、活、嫩、爽"，每隔 1～2 周冲一次新鲜水；鱼缸或小水泥池则要求水体清澈、基本没有悬浮物。

③ 保持水体内有充足的溶解氧。

④ 经常投喂一些金鱼喜食的鲜活饲料，比如水蚤、水蚯蚓等，总体来说，投喂的饲料要做到营养均衡、鲜活饲料和配合饲料结合，避免因长期摄食维生素偏少的颗粒饲料导致的皮肤非特异性免疫力下降。

⑤ 每半个月泼洒一次水体消毒剂杀菌消毒，每次放入新鱼也做一次水体消毒。水体消毒的药物及剂量是：漂白粉 $1\,g/m^3$；或二氧化氯 $0.2～0.3\,g/m^3$；或三氯异氰脲酸 $0.3\,g/m^3$；或 $50\%$ 季铵盐碘 $0.5\,mL/m^3$。

【治疗方法】

① 全池（缸）泼洒漂白粉，剂量为 $1\,g/m^3$。

② 全池（缸）泼洒二氯异氰脲酸钠，剂量为 $0.3\,g/m^3$。

③ 全池（缸）泼洒季铵盐碘（$50\%$ 含量），剂量为 $0.5\,g/m^3$，连用 2 d。

④ 磺胺药拌饵料投喂，每千克鱼每天喂药量为 $50～100\,mg$，连喂 1 周。

⑤ 恩诺沙星粉或诺氟沙星粉拌饵料投喂，每千克鱼每天喂药量（按净含药量计算）为 $50～100\,mg$，连喂 4～5 d。

⑥ 以上①②③之任一加④或⑤。

**4. 细菌性出血病**

【病原】嗜水气单胞菌等。

【症状】又称细菌性败血症，初期患病鱼的口腔、颌部、鳃盖、眼眶、鳍及身体两侧有轻度充血症状，继而充血情况加剧，透过皮肤隐约可见肌肉充血、眼眶充血、眼球突出、腹部鼓胀、肛门红肿、鳃部分坏死或灰白或淤红，病症遍及全身。

【诊断方法】肉眼观察及镜检，此病症状与赤皮病有很多相似之处，要确诊主要看肛门是否红肿、鳃部是否有病变，赤皮病没有此症状。

【预防措施】可参考"皮肤发炎充血病"的预防措施，另外，隔离尤其重要，不要使用其他鱼池、鱼塘用过的水，不要在发病季节混合不同来源的鱼，新鱼放养前必须进行鱼体消毒。

【治疗方法】要采用内外结合的办法，下列内服和外用的方法可同时使用。

外用：全池泼洒药物进行水体和鱼体表面的消毒，所用药物及其终浓度是：生石灰 20 g/m³；漂白粉 1 g/m³；二氧化氯 0.2～0.3 g/m³；三氯异氰脲酸 0.3 g/m³；聚维酮碘 0.5 mL/m³。

内服：拌饵投喂，药物、剂量、疗程如下：诺氟沙星每天每千克鱼体 10～20 mg，连用 3～5 d；氟苯尼考每天每千克鱼体 10～20 mg，连用 3～5 d。在拌制药饵时，按每天每千克鱼添加维生素 C 100 mg。

**5. 黏球菌性烂鳃病**

【病原】鱼害黏球菌。

【症状】患病金鱼因鳃组织遭受破坏，呼吸困难，鳃部有病变性缺损，鳃丝挂污泥，鳃盖中心皮肤被破坏——或脱落或被销蚀，以至于鳃盖中心透明，俗称"开天窗"。

【诊断方法】肉眼观察和细菌培养。

【流行特征】此病在水温 20 ℃以上开始流行，流行季节是春末到中秋。此病的发生与水质有关，过肥和受到有机污染的水体中金鱼容易发生此病。

【预防措施】预防细菌性烂鳃病的关键是水质调控，鱼缸或水泥池要定期换水，保持水质清新，春夏季节每半个月泼洒药物杀菌 1 次，常用药物及达到的浓度是：漂白粉 1 g/m³；二氧化氯 0.2～0.3 g/m³；三氯异氰脲酸 0.3 g/m³；或按照药物使用说明书所嘱施用。

【治疗方法】

① 全池泼洒漂白粉 1 g/m³，或二氧化氯或二氯异氰脲酸钠或三氯异氰脲酸 0.2～0.3 g/m³，隔 2 d 再施用 1 次。

② 全池泼洒季铵盐碘，含有效碘 1%的该药物的使用剂量为 0.5 g/m³。

③ 全池泼洒聚维酮碘，含有效碘 1%的该药物的使用剂量为 0.5 g/m³。

④ 中草药治疗：大黄或乌桕叶（干品）或五倍子等，剂量 2～5 g/m³，煮水泼洒。

**6. 细菌性肠炎**

【病原】肠型点状气单胞菌。

【症状】病鱼食欲减退、离群独游、体色黯淡，严重时腹部膨胀、肛门红肿突出，轻压腹部，有黄色黏液或脓血从肛门流出。

【诊断方法】观察及解剖。若发现病鱼腹腔内充满积液，肠道内无食物，有大量黄色黏液，肠壁充血，则为该病。

【预防措施】水质和食物不佳是主要病因，因此，预防措施是：一方面，注意食物卫生，不投喂变质、腐败的食物，高温季节适当控制投喂量，严防过饱；另一方面，定期换水，保持水质清新，春夏季节每半个月泼洒药物杀菌1次，常用药物及达到的浓度是：漂白粉 1 g/m³；二氧化氯 0.2～0.3 g/m³；三氯异氰脲酸 0.3 g/m³；或按照药物使用说明书所嘱施用。

【治疗方法】用药物预防的方法进行水体杀菌消毒，同时按以下方法之一内服药物：

① 大蒜或地锦草打浆后拌饲料投喂，剂量为每千克鱼体每天 5～20 g，连用5 d。

② 甲砜霉素（水产用）拌饲料投喂，药量按每千克鱼体每天 30～50 mg，连用 5 d。

③ 恩诺沙星粉或诺氟沙星粉拌饵料投喂，每千克鱼每天喂药量（按净含药量计算）为 50～100 mg，连喂 4～5 d。

### 7. 烂尾病

【别名】烂尾蛀鳍病。

【病原】嗜水气单胞菌、温和气单胞菌、柱状屈挠杆菌等。

【症状】尾鳍由边缘开始糜烂，逐步向尾鳍基部发展，糜烂的部位先是表皮发白、坏死、脱落，鳍丝外露，严重时尾鳍看上去像一把光剩下扇骨的折扇。

【诊断方法】肉眼观察及细菌培养。如果一尾金鱼有上述症状而身体其他部位没有明显的炎症，就可以确诊了。

【预防措施】预防此病首先要预防烫尾病（烧尾病），避免因烫尾造成感染；其次要避免运输性烫尾，也就是说要避免运输时装鱼的水温度超过30 ℃；一旦发生烫尾，及时对水体消毒，按以下具体药物和剂量全池泼洒：漂白粉 1 g/m³；或二氧化氯 0.2～0.3 g/m³；或三氯异氰脲酸 0.3 g/m³；或50%季铵盐碘 0.5 mL/m³。

【治疗方法】先用锋利的剪刀将糜烂缺损的鳍剪掉、剪齐，然后按预防的方法向水体泼洒药物。

### 8. 疱疹病毒病

【病原】疱疹病毒，一种DNA病毒。

【症状】体表有溃疡，皮肤黏膜被破坏而失去光泽，局部皮下充血、鳍膜不同程度糜烂、末梢鳍丝裸露、鳃组织局部坏死，常见鳃部有火柴头大小的脓样坏死物、眼球下凹。一尾病鱼往往不是全部症状都有。病鱼症状与锦鲤疱疹病毒病类似。

【诊断方法】肉眼观察与解剖。表皮溃疡与鳃丝坏死同时发生则基本可确诊。

【预防措施】秋季末开始，经常投喂清火类中草药拌的药饵，有效的中草药是：板蓝根大黄散、大黄粉、四黄粉。每 1～2 周投喂 1 d。

【治疗方法】

① 将水温提高到 25 ℃以上，聚维酮碘（含有效碘 10％）泼洒使水体达到 1 g/m³ 的浓度。

② 中草药（板蓝根大黄散、大黄粉、四黄粉等）拌饲料投喂，每千克饲料拌药粉 50 g，连续投喂 1 周，同时向鱼池泼洒聚维酮碘（含有效碘 10％），使终浓度达到 1 g/m³，连续泼洒 3 d。

③ 500 g/m³ 浓度聚维酮碘浸泡患病鱼 30 s，每天 1 次，连续 3 d。

**9. 鳔炎症**

【别名】鳔功能失调症。

【病原】弹状病毒。

【症状】一种是不能下潜，腹部鼓胀朝天，受到刺激时能奋力下潜，但不久又腹部朝上浮于水面；另一种是不能上浮，整日紧贴池底，只能在池底移动。

【诊断方法】肉眼观察到上述症状，解剖见鱼鳔有充血及炎症，鳔囊缩小，严重者其他内脏并发炎症，即可确诊。

【预防措施】入冬时避免水温骤冷骤热，捕捉及搬运金鱼时小心操作，避免引发外伤。

【治疗方法】

① 亚甲基蓝拌饲料投喂，每千克饲料拌药 50 g，连续投喂 7 d；

② 全池泼洒聚维酮碘（含有效碘 10％）或复合碘，使终浓度达到 1 g/m³，连续泼洒 3 d；

③ 银翘板蓝根拌饲料投喂，每千克饲料拌药 3～5 g，一天喂 2 次，连续投喂 7 d。

**10. 白线虫病**

【病原】一种蠕虫。

【症状】白线虫主要寄生在皮下，如下腹部、鳃盖下方较软的部位、鳍基、鳍丝之间等位置。寄生部位初时略微拱起，之后因组织感染而形成脓疱，但在鳍丝间不会形成脓疱，而是可以见到发红、长而清晰的血丝。患病鱼在行为上会出现刺痛性窜游。

【诊断方法】确诊此病的办法是切开患处，可以用细镊子钳出蛔虫形状的、粗细不到 1 mm 的小虫，此虫本来没有颜色，因吸饱血而整体看似一条血丝。

【预防措施】主要是清池消毒和鱼体浸泡消毒两方面的措施：每个生产季节开始前用高锰酸钾进行鱼池消毒；鱼放养前，用 1％～2％的食盐水浸泡鱼体 15 min。对于在水泥池或鱼缸养殖的金鱼来说，此虫的来源是活饲料，即水蚤和水蚯蚓，做好活饲料的清洗和消毒可以降低染病概率。

【治疗方法】

① 2‰～5‰食盐溶液，浸浴 10～20 min；

② 复方阿苯达唑粉拌饲料投喂，每千克鱼体一次量为 0.2 g，连喂 3 d；

③ 肠虫清或绦虫净拌饲料投喂，每千克鱼体一次量为 2～4 g，连喂 3 d；

④ 90％晶体敌百虫全池泼洒，终浓度 0.3～0.5 $g/m^3$；

⑤ 90％晶体敌百虫与面碱合剂（5∶3）全池泼洒，终浓度 0.2～0.3 $g/m^3$，连用 2 d。

**11. 嗜子宫线虫病**

【别名】红线虫病。

【病原】嗜子宫线虫（雌虫）。

【症状】寄生于鳞片下，造成患处皮肤充血、发炎，鳞片竖起乃至脱落，常继发霉菌感染。

【诊断方法】切开患处皮肤可见红色线虫。

【预防措施】冬季并池前鱼池做好消毒工作，金鱼入越冬池前用 2‰食盐溶液浸浴10～20 min。

【治疗方法】同白线虫病。

**12. 锚头鳋病**

【病原】锚头鳋。

【症状】体表、鳞片下、鳍基、吻部可见到发红发炎的病灶，虫体的头胸部深入鱼皮下，腹部裸露在外，透明，长度 3～6 mm，粗细约 0.5 mm。

【诊断方法】肉眼观察。

【预防措施】主要是清池消毒和鱼体浸泡消毒两方面的措施：每个生产季节开始前用高锰酸钾进行鱼池消毒；鱼放养前，用 1‰～2‰的食盐水或 30 $g/m^3$ 的高锰酸钾浸泡鱼体 15 min。

【治疗方法】

① 可用 90％晶体敌百虫全池泼洒，使池水药物浓度达到 0.5～0.7 $g/m^3$，能有效地杀死锚头鳋成虫。

② 90％晶体敌百虫与面碱合剂（5∶3）全池泼洒，终浓度 0.2～0.3 $g/m^3$，连用 2 d。

③ 福尔马林全水体泼洒，使池水药物浓度达到 20 $mL/m^3$。

**13. 指环虫病、三代虫病**

【病原】两种疾病病原分别为指环虫和三代虫。

【症状】二虫形态及造成的病症都很接近，主要寄生于鳃部和身体表面，病鱼鳃盖张开，呼吸急促，身体发黑，显微镜检测可见到蛆状透明虫体。

【治疗方法】

① 晶体敌百虫（含量90%）溶解并稀释后泼洒，使水体最终药物浓度达到0.2~0.3 g/m³；

② 亚甲基蓝泼洒，使水体最终药物浓度达到2~4 g/m³；

③ 药物泼洒水体，使达到20 g/m³甲醛+2 g/m³亚甲基蓝药物浓度；

④ 用渔用溴氰菊酯溶液全池泼洒，使池水呈0.02 g/m³浓度，每天1次，连续3 d。

**14. 小瓜虫病**

【病原】多子小瓜虫。

【症状】小瓜虫病又叫白点病，病鱼全身遍布小白点，严重时因病原对鱼体的刺激导致病鱼分泌物大增，患病鱼体表形成一层白色基膜。

【诊断方法】显微镜观察病灶部位黏液的涂片，可见到瓜子状的原始单细胞生物。

【发病原因】小瓜虫病在低温、缺少光照时容易发生，水温高于30℃时不会发生。危害对象主要是鱼苗、鱼种，包括金鱼在内的很多种鱼类都会感染此病。

【预防措施】

① 保持适当的水温，避免水温过低；

② 低温季节避免可能对鱼体表黏膜造成伤害的操作；

③ 使用对黏膜没有伤害的药物如聚维酮碘、诺氟沙星进行鱼体消毒；

④ 尽可能使养殖池照到一些阳光。

【治疗方法】

① 将水温提高到30℃，同时加盐使水体盐度达到5；

② 亚甲基蓝化水后泼洒，使水体最终药物浓度达到2~3 g/m³；

③ 泼洒大蒜素，使水体最终药物浓度达到2~3 g/m³；

④ 在保证水温不剧烈变化的条件下，让鱼在20 cm的水位下晒太阳或紫外灯照射，1 h/d，连晒3 d。

**15. 水霉病、鳃霉病**

【病原】水霉菌、鳃霉菌。

【症状】水霉病主要表现是体表或鳍生长棉絮状白毛（图5-9），鱼体消瘦、体色发黑、焦躁不安，发病的起因是水温低并且体表受伤皮肤黏膜被破坏。鳃霉病则是鳃部长出霉菌，鱼体消瘦兼呼吸困难。

【流行特征】一般在水温20℃

图5-9　水霉病的病灶

以下发生，主要发病季节为冬春两季。

【预防措施】避免鱼体受伤；放养前用 2%～5% 食盐溶液浸浴 10～20 min。

【治疗方法】

① 亚甲基蓝溶解于水后全池泼洒，终浓度达 2～4 g/m³，隔 1 d 再用 1 次；

② 提高水温至 30 ℃，用亚甲基蓝 2 g/m³＋福尔马林 20 g/m³ 合剂全池泼洒，隔天再用 1 次，共施药 3 次。

③ 1% 食盐与 0.04% 苏打混合液浸浴 20 min，每天 1 次，连用 3 d；

④ 五倍子粉末，化水浸泡后全池泼洒，药量 0.2～0.4 g/m³；

⑤ 菖蒲（鲜品，捣烂）3.75～7.5 g/m³ 与食盐 0.75～1.5 g/m³ 混匀后全池泼洒；

⑥ 用杀灭霉菌专用的其他渔用中成药，按照药物使用说明，浸泡后全池泼洒；

⑦ 白内障有不同的诱因，如果眼睛巩膜上长白毛，就可确诊为真菌诱发的眼病，可以用水霉病治疗方法治疗，也可以用盐水浸泡或病灶部位涂抹人用癣药膏。

（文/图：汪学杰）

# 第六章 CHAPTER 6

# 锦鲤的健康养殖

锦鲤原产于日本，是以普通鲤为母本人工选育而成的观赏鱼品种，现在锦鲤已成为世界性观赏鱼，并且在全世界观赏鱼消费额方面位居单品种的前两名，与金鱼难分伯仲。

中国自20世纪80年代引进锦鲤后，产业和消费规模均以很高的年增长率迅速发展，目前中国锦鲤年生产和销售数量均已超过日本，成为世界上最大的锦鲤生产国和消费国。

锦鲤适温范围广，适应能力也比较强，而且最适合以俯瞰的方式欣赏，所以锦鲤是露天水池的最佳养殖对象。在东南亚地区，民宅以低层建筑为主，有庭院的家庭很多，庭院中多建有水池，而庭院水池最宜养锦鲤，因此，锦鲤在东南亚有广阔的市场。

由于市场需求增加，加之东南亚地区优越的气候和水资源条件，东南亚的锦鲤生产也在21世纪以来得到了较大的发展，生产规模、产品品质都在不断提高，东南亚地区正在成为世界锦鲤产业的一支重要力量。

锦鲤的健康养殖是通过相应的养殖设施提供水资源重复利用的必要条件，以及采取相应的管理措施，实现锦鲤养殖过程中少生病、少用药、少耗水、少耗能、少排污的一种养殖方式。

## 第一节　生物学特性与生活习性

锦鲤不是自然物种，是鲤的人工选育品种，它的生物学特征和生活习性继承自鲤，所以，我们还是先重新认识一下生物学定义上的鲤。

鲤是世界上分布最广的鱼类物种之一，据研究考证，鲤起源于中亚地区，后扩大到东亚、欧洲。日本的野生鲤与世界各地的鲤均属同一物种，从中国传入的可能性极大。

鲤，学名 *Cyprinus carpio*，为硬骨鱼类，属辐鳍鱼纲 Actinopterygii、鲤形目 Cypriniformes、鲤科 Cyprinidae、鲤属 *Cyprinus*。鲤体微侧扁，呈纺锤形，口呈马蹄形，吻须 1 对较短，颌须 1 对较长，体表覆盖大的圆鳞，侧线鳞 31～34 枚，侧线上鳞 6～7 排，侧线下鳞 6 排，鳍式为背鳍Ⅳ-17～20，臀鳍Ⅲ-5，胸鳍Ⅰ-15～16，腹鳍1-8，尾鳍17；背鳍基部较长，背鳍和臀鳍前部均有粗壮带锯齿的硬棘。体色青灰、暗黄或金黄，尾鳍下叶常为浅黄或橙红色。

鲤平时多栖息于江河、湖泊、水库、池沼等水体的底层，杂食性，偏向食底栖动物。其适应性强，耐寒、耐碱、耐盐、耐低氧。鲤在不同地区性成熟年龄相差较大，在热带地区 1 年即可达到性成熟，而在北温带及高原地区，3 年才能性成熟。鲤的繁殖能力强，卵巢系数为 20%～35%，绝对怀卵量为 2 万～100 万粒，一年产卵 1～2 次，在微流水或静水中均能产卵，产卵场所多在水草丛中，卵黏附于水草上发育。

鲤是淡水鱼类中品种最多的物种之一，其自然品种有野鲤、镜鲤和散鳞镜鲤等，还有一些天然地方种群以及以各种地方种群为育种材料人工培育的品种，锦鲤是鲤的众多品种中的一个。

锦鲤形态特征与鲤基本一致，其可数性状与鲤一致，可量性状与鲤略有差别，同等体长锦鲤体重大于鲤（雌性尤其明显），体高、体宽均略大于鲤，体色差异更显著。

锦鲤适应在山塘、水库、池塘及人造水池中生活，习惯在水体中下层活动。性情温和、喜群游摄食，杂食性，可摄食软体动物、水生昆虫、水蚯蚓、有机碎屑、谷物及人工饲料等。锦鲤对水温、水质等条件要求不严格，可适应 2～35 ℃的水温，最适水温为 20～30 ℃，能适应弱酸性至弱碱性水质，即 pH 6.5～9.0，理想的 pH 为 7.5～8.5，对水的硬度要求不严格，但硬度过低（低于 50 mg/L）会对其生长发育产生不良影响。锦鲤耐低氧的能力不及野鲤，其耐受极限尚无精确数据，一般为安全起见，要求养殖水体溶解氧浓度达到 5.0 mg/L。

锦鲤繁殖习性与鲤无明显差异。在亚热带及温带地区大水体，锦鲤的性成熟年龄为雌性 2～3 冬龄，雄性 1～2 冬龄，初次性成熟时间主要取决于积温和营养。

分批产卵类型，产黏性卵，怀卵量一般 10 万～100 万粒，产卵温度一般在 17 ℃以上，3—5 月为主要产卵期，受精卵在 25 ℃水温下孵化出苗时间为 3～4 d。

锦鲤的生长速度比较快（稍逊于中国"四大家鱼"），一般养殖条件下，当年鱼到年末可长到全长 25～35 cm、体重 250～500 g（稀养的情况下第一年最大可达 50 cm），第二年长度可增加十几厘米、体重达到 500～1 000 g。锦鲤最大个体长度可达到 120 cm（体重 20 kg 左右），最长寿命据说超过 100 岁。

## 第二节　品系划分及特征

锦鲤按颜色、光泽和是否全身覆盖鳞片等，可划分为 13 个大品系，每个大品系又有或多或少若干个小品系，有些品系兼具两个或两个以上大品系的特征，细分下来有 126 个小品系。

### 一、红白

红白（图 6-1）是最普及的锦鲤品系，也是一个基础性的品系，因为有些品系是在它的基础上培育出来的。色彩特征是在白色的皮肤上镶嵌红色的斑块。按其斑块的数量和形态，又分为闪电红白、一条红、二段红白、三段红白（图 6-2）、四段红白、鹿子红白等。

图 6-1　红白锦鲤

图 6-2　三段红白锦鲤

### 二、大正三色

大正三色（图 6-3）的色彩特征是白色皮肤上浮现出红黑两色斑块，头部只有红斑而无黑斑，胸鳍上或具黑色条纹（非块斑）。大正三色因诞生于日本的大正时代（1912—1926 年）而得名，迄今大约 100 年历史。大正三色也有一些小品种或者交叉品种：口红三色、德国三色、银鳞三色、金鳞三色、三色秋翠、丹顶三色等。

图 6-3 大正三色锦鲤

### 三、昭和三色

昭和三色（图 6-4）与大正三色一样体表有红白黑三种颜色，与大正三色很容易区分：昭和头部有墨斑，大正没有；昭和的墨是大块的，大正的墨是小块或点状的；昭和的墨是从真皮层向表皮延伸的，可以看到皮肤深层（即真皮层）的墨透过表皮而呈现灰色的印记，大正的墨是浮现于表皮上的；昭和胸鳍基部有块状黑斑，而大正的胸鳍则没有黑色或有黑色条纹。因诞生于日本的昭和时代（1926—1989 年）而得名，具体诞生年代应是 1930 年前后，迄今不足 100 年历史。昭和三色主要有以下几种类型：经典昭和、近代昭和、影昭和等。

图 6-4 昭和三色锦鲤

### 四、浅黄

浅黄（图 6-5）背部蓝色或灰色，每片鳞的外缘为白色，使背部看上去

69

有清晰的网纹，头顶淡蓝色或浅黄色，面颊、腹部及胸鳍、腹鳍为橙红色。虽然身体主要部分是蓝色或灰色，但是腹部的黄色或橙色是它的主要变异特征，而且幼年时头部和腹部确实是浅黄色的，所以称为浅黄并不是日语对颜色叙述的偏差。据说这是最原始的锦鲤，很多品种的来源与它有关。浅黄锦鲤也有小品种：水浅黄、绀青浅黄和鸣海浅黄等。

图 6-5 浅 黄

## 五、泻（或称写）

像中国传统的水墨画，白底黑斑块的称为白泻（图 6-6），黄底黑斑块的称为黄泻，红底黑斑块的称为绯泻。其中白泻最常见，也最受欢迎，现在白泻甚至被一些专业人士与"御三家"合并称为"御四家"。白泻墨斑的特征与昭和三色一样，所以有时昭和三色的后代里面也有白泻。

图 6-6 白 泻

## 六、别光

与泻鲤类似，体表有黑色和另外一种颜色，黑色斑纹比泻鲤的相对较小，而且黑斑是在表皮上的，不上头，其黑斑纹与大正三色同源同质。实际上在大正三色的后代中常常会出现一些别光类。别光按底色分为三种：白别光为白底黑斑；黄别光为黄底黑斑；赤别光为红底黑斑。

## 七、花纹皮光鲤

所谓皮光鲤是指体表光泽度明显高于普通鱼类的锦鲤，而花纹皮光鲤的体表有不少于2种颜色（鳞片边缘颜色使鱼体形成网纹的不属此类），一般是由泻鲤系以外的锦鲤与黄金锦鲤近缘杂交产生的后代，其中有很多著名的分支品系，包括秋翠、大和锦、锦水、菊水、贴分、孔雀黄金、红孔雀等。秋翠和孔雀是其中较普及的品系。

秋翠（图6-7）是浅黄与德国镜鲤（全身仅背鳍基两侧有鳞片或侧线还有一排鳞片的鲤）杂交的后代，其特征是全身仅背鳍基两侧有细小的鳞片，其余部分裸露，头部及背部白色透着轻微的蓝色，鼻尖、面颊、体侧及鱼鳍基部都有红斑点缀。较闻名的有花秋翠、绯秋翠等。

图6-7 秋 翠

孔雀（图6-8）是花纹皮光鲤中的秋翠与金松叶或者贴分杂交产生的，而该鱼的外观几乎就是浅黄的基础上加上一些红色斑块。

图6-8 孔 雀

## 八、无花纹皮光鲤

无花纹皮光鲤是光泽度比较高而没有花纹的锦鲤，简单地说就是单色锦鲤，但不包括墨鲤。虽然没有花纹，但是可以有鳞片边缘的异色构成的网纹。著名的代表为黄金锦鲤（图6-9）、白金锦鲤。黄金锦鲤在中国有时被视为一个独立的大品系，而日本原种的黄金锦鲤也分几个小品种，比如山吹黄金、橘黄黄金等。

图6-9 黄金锦鲤

## 九、衣

衣（图6-10）是指在原色彩的基础上再穿上一层漂亮外衣的锦鲤。最具代表性的是红白与浅黄的交配后代——蓝衣，该鱼底色为白色，红斑块中的一部分鳞片的后缘呈蓝色，在这一片区域组成网状纹；墨衣，在红白的红斑上再浮现出黑色斑纹。另外还有大正三色与浅黄杂交产生的衣三色，昭和三色与浅黄杂交产生的衣昭和。

图6-10 衣

## 十、光泻

光泻是泻鲤和黄金鲤交配产生的后代，有金昭和、银昭和、银白泻、德国光泻等几个小分支品系。

## 十一、金银鳞

金银鳞是指身上具有闪闪发光（金属般闪亮）的金色或银色鳞片的锦鲤。

当金银鳞位于白色皮肤（底肌）之中时，被称为银鳞；当金银鳞位于绯盘或黄金鳞片之中时，被称为金鳞。实际上金银鳞并不是独立的品系，因为很多品系中含有金银鳞的分支，比如银鳞红白（图6-11）、银鳞三色、银鳞昭和、银鳞白泻、银鳞黄金等。

图6-11 银鳞红白

## 十二、丹顶

额头部位有一块红斑的锦鲤，称为丹顶。严格地说丹顶也不应该算作独立的品系，它们应该是在相应的品系里设的分支，比如丹顶红白（图6-12）、丹顶三色、丹顶昭和等。如果一尾锦鲤仅以"丹顶"命名，那么这尾鱼必定是全身白色，除头部的圆形红斑之外没有其他任何色斑。

图6-12 丹顶红白

## 十三、德系锦鲤

德系锦鲤（图6-13）是全身无鳞或侧线位置有一排大鳞片，背鳍基部有一些小鳞片而身体其他部位无鳞的锦鲤。最初由德国镜鲤与日本锦鲤杂交，再

73

由此杂交子代进行近亲交配，经选育而获得。德系锦鲤有红白、大正、泻、九纹龙等体色类型。

图 6-13　德系锦鲤

## 十四、变种鲤

各种体色特殊的锦鲤的合称，只要是不能归入上述 13 个品系的锦鲤，通常都被称为变种鲤，变种鲤之间不一定有遗传上的联系，不是一个品系。包括乌鲤、黄鲤、茶鲤、绿鲤等 20 多个色彩表现型。

## 第三节　全周期健康养殖

全周期养殖，是指由繁殖—鱼苗培育—鱼种培育—商品鱼养殖—亲鱼培育 5 个环节构成的周而复始循环往复的生产过程。

锦鲤全周期健康养殖就是在锦鲤养殖生产的各个环节，通过为锦鲤提供良好的生态环境、充足的全价营养饲料、适当的密度控制，使锦鲤少生病及养殖过程少用药、少排污，从而实现环境友好和经济效益良好的可持续的生产模式。

### 一、环境与设施

锦鲤养殖场一般均具备完成全部 5 个生产环节的功能，其中的主要环节均需在露天土塘进行，因此要有一定的规模，并且各生产环节的设施按一定比例进行布局，以获得最大的生产效率。

按照健康养殖的要求，锦鲤养殖场应配置循环净化系统，实现水的循环利用，最大限度减少污水排放。生态沟净化养殖系统（图 6 - 14）是一种比较适合锦鲤健康养殖的模式。

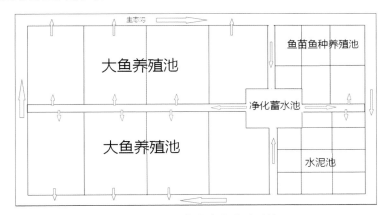

图 6 - 14　生态沟净化养殖系统
注：图中绿色箭头为池塘排水及正在净化处理的水的走向，蓝色箭头为处理后及池塘进水的走向。

大鱼养殖池，用于养殖 1 冬龄及以上的鱼，采用土池，一般为长方形，东西走向，长宽比宜为（1.5～4）∶1，面积 2 000～10 000 m²，总深度 2.5～3.5 m，可蓄水深度≥1.5 m。池堤宜用均质土或黏土筑成，基面宽度 2.5～8.0 m，坡比应根据土质状况和护坡情况决定，一般为 1∶（1～3）。

鱼苗鱼种养殖池，用于养殖鱼苗及当年鱼，采用土池，一般为长方形，东西走向，长宽比宜为（1.5～4）∶1，面积 1 000～2 000 m²，总深度 1.5～2.5 m，可蓄水深度≥1.5 m。池堤宜用均质土或黏土筑成，基面宽度 2.0～4.0 m，坡比应根据土质状况和护坡情况决定，一般为 1∶（1～3）。养殖场可以在鱼苗培育阶段使用较小的池塘（不小于 600 m² 即可），鱼种培育阶段使用稍大的池塘（大到 3 000～4 000 m² 亦无不可），但是综合考虑管理及空间利用率，还是统一采用适中规格为好。

水泥池可用于选鱼、商品鱼出售前上池处理、亲鱼配对产卵、孵化鱼苗等，还可用作售卖场。水泥池规格一般是：面积 15～50 m²，总深度 1.5～3.0 m，看以什么用途为主，作售卖场的一般面积 20～30 m²、深度 2.5 m 左右较方便使用，作配对产卵及孵化用的水池则可以设计得浅一些。用于展示及销售的水泥池宜采用单池循环净化系统。

净化蓄水池规格可大可小，一般该池加上生态沟总容积达到大鱼养殖池的 2 倍为好。此池从生态沟进水，用水泵抽水到高位的水池，然后从高位水池依靠高程落差通过水管或明渠流到需要加水的鱼池。也可以不建高位水池，直接用水泵通过水管给鱼池供水。蓄水池可以像生态沟那样在四周及大部分水域种植挺水植物，也可以在池中设若干个生物浮床，或配置人造纤维生态基，提高生态沟净化系统的净水能力。

提倡用高位水池的供水方式，在高位水池的出水口处安装紫外线杀菌灯，有利于减少水中的病原体，降低鱼池间互相传播病原的概率。

## 二、繁殖

### （一）准备工作

1月前挑选后备亲鱼，要求是雌鱼年龄为 3＋～6＋龄，体长≥50 cm，体重≥3.2 kg；雄鱼年龄为 2＋～4＋龄，体长≥43 cm，体重≥1.8 kg。从年龄、规格符合要求且符合品系特征、质量上乘的鱼中，挑出腹部膨大、有卵巢轮廓的雌鱼，以及能够挤出精液的雄鱼，雌雄亲鱼分别在不同水体培育，培育池最好用土池，面积不小于 500 m²，水深不小于 1.5 m。

雨季即将来临时，根据繁殖计划选择合适的水泥池，清洗后用高锰酸钾配制成浓度为 30 g/m³ 的溶液，泼洒池壁、池底消毒，然后漂洗掉消毒药液，再向鱼池加水至水深0.8～1.5 m。

准备适量的鱼巢。鱼巢可用柳树根、棕丝等扎成一把把，或者直接用新生根系并且根系发达的水葫芦，还可以使用人造鲤鱼巢。鱼巢使用前要清洗和消毒。

### （二）配组产卵

准备工作完成后即可开始配对繁殖。锦鲤人工繁殖有四种方式：人工配对自然产卵、注射催产激素自然产卵、不注射催产激素人工授精、催情后人工授精。下面以注射催产激素自然产卵为例介绍锦鲤人工繁殖过程。

首先挑选亲鱼进行配组，每组亲鱼应是同一品系，雌鱼要求个体大，腹部隆起明显，后腹部松软，有卵巢轮廓，泄殖孔突出、柔软；雄鱼个体略小于雌鱼，轻压后腹部有乳白色精液自泄殖孔流出。雌雄鱼按 1∶（1.5～2）的比例，注射催产激素后放入产卵池。按每千克雌鱼的注射剂量计算，有下列主要药物配伍供选择：①LRH - A 30 $\mu$g；②LRH - A 20 $\mu$g＋DOM 20 mg；③PG1/4＋LRH - A 20 $\mu$g；④LRH - A 20 $\mu$g＋HCG 500 IU。其中第二和第三种为推荐配方。催产药物以 0.65％生理盐水为溶剂配制，药物的浓度应控制适当，使每尾雌亲鱼注射量在 1～3 mL 为好。每千克雄鱼注射量减半，或免注射。

接下来放入适量的产卵鱼巢并固定，注意不要让鱼巢紧贴池壁。鱼巢的量按预期的产卵量计算，一般 80 cm 长的人造鱼巢可附卵 2 万～4 万粒，雌鱼每千克体重预期可产卵 8 万～10 万粒。

产卵池开启内循环泵，使池内形成较缓慢的水流，最好在亲鱼发情前适当向产卵池中冲入新水，新水的水量为产卵池总水量的 1/5～1/3。

水温 26 ℃时，催产激素的效应时间大约是 12 h，18 h 内产卵结束，具体耗时与亲鱼性腺成熟度有一定关系。一般安排在下午打针，翌日一早产卵已结束，可立即换水、搬走亲鱼。

**（三）孵化**

孵化方式有多种，与自然产卵方式相对应的孵化方式主要有：产卵池就地孵化、鱼卵搬到孵化池孵化、鱼卵搬到鱼苗培育池中的网箱里孵化。下面介绍就地孵化的操作。

将亲鱼搬走后，即以产卵池作为孵化池。将产卵过后的池水换掉至少 90%，孵化时的水可略浅。附着受精卵的鱼巢用高锰酸钾溶液或亚甲基蓝溶液消毒杀菌。调整孵化密度，使鱼池内受精卵总密度不超过 10 万粒/m³，如果鱼卵过多，将多出的鱼卵移到别的鱼池孵化。调整鱼巢间距，使鱼巢尽量均匀分布。开启气泵增氧，气流不要对着鱼巢直冲。孵化池上方适量遮阴，避免阳光直射鱼卵，避免水温超过 30 ℃。

孵化出膜时间：水温 25 ℃时 60～72 h，水温 30 ℃时 36～40 h。

鱼苗出膜后 2～3 d 将鱼巢移走，然后用柔软的密网收集鱼苗，移至鱼苗培育池。在池塘中挂网箱孵化的，可先将网箱上沿下压至水面下 10～20 cm，让大部分鱼苗自行游走后，再小心地将网箱拿走。

## 三、苗种培育

选用面积 1 000～2 000 m² 的土池，在鱼苗下塘前 10～15 d 清塘消毒，蓄水 80 cm 左右，投放适量有机肥培育水蚤。用鱼苗试水 24 h，确认鱼塘水无毒后，可放入出膜 2～3 d 的鱼苗，投放的密度为 100～150 尾/m²。

用豆浆或浸泡好的花生麸全池泼洒，每天 3～4 次，5 d 后改成鱼塘四周泼洒。每 3～5 d 向鱼塘冲入少量新水，进水口要用筛网过滤，防止野杂鱼混入。

鱼苗长到体长 1.5 cm 后，可停止投喂豆浆，用花生麸或者商品饲料"鱼花开口料"都可以。鱼苗长到 2.5 cm 要拉网锻炼一次，以便减少将来运输或挑选时的损耗。

鱼苗长到平均 3 cm 要进行第一次挑选，淘汰畸形、白瓜（又称白棒，指鳞片基本没有颜色，整体看上去有点白色但没有强光泽的个体）、红瓜（又称红棒，指全身红色没有花纹的鱼）、乌鼠（黑色斑点、红色和白色混乱交杂的个体）。

经过第一次挑选的幼鱼，放入面积为 1 500～2 000 m² 的鱼塘养殖，水深 1～1.5 m，放养密度 15～50 尾/m²，开始时用 1♯"鱼花开口料"，长到 4 cm 以上可改用 0♯浮性饲料（粒径约 1 mm）投喂，每天投喂 2～4 次。

幼鱼长到 4～5 cm 时可以进行第二次挑选。尽可能将池塘中的鱼全部拉起来，吊在网箱或水泥池里，要遮阴，以免对小鱼造成伤害，挑出来的合格鱼放回原来的池塘。这一次的挑选还是以淘汰不合格鱼为主，除了像第一次挑选那样淘汰畸形鱼、白瓜、红瓜、乌鼠外，还要剔除损伤严重的、颜色模样明显不合格的个体。

幼鱼长到6～8 cm，进入当年鱼种养殖阶段，可放入大型土池养殖，池塘面积2 000～6 000 m²，蓄水深度≥1.5 m。在放入大塘之前再做一次挑选，以免劣鱼浪费资源。此阶段养殖密度5～20尾/m²，投喂粗蛋白含量38%左右、粒径适当的膨化饲料，每天投喂3～4次。

养殖期间每天清晨巡塘，观察鱼的活动情况，是否有病鱼、死鱼，水色、透明度如何，有问题及时发现及时解决。每周换一部分新水，换水量根据池塘水体透明度等水质因子决定，透明度高少换水，透明度低多换水。保持生态沟内适当水位及流动。各池塘轮流换水，充分利用生态沟的净化功能。

幼鱼成长到全长20 cm左右，应全部起水，进行选别。这一次的挑选更加严格，应该根据各品种的特征，选留合格的、有潜力的鱼。剔除畸形及品相低劣的鱼，品相良好的鱼作为1龄商品鱼，10%～20%的优质鱼留下来继续养殖。

## 四、2 龄鱼养殖

使用大鱼养殖池，面积2 000～10 000 m²，总深度2.5～3.5 m，投放鱼种前7～10 d清塘消毒，然后加水至1.5 m以上，适时适量投放发酵腐熟的有机肥，使水呈油绿色，透明度25～35 cm，放养前1～2 d用相近规格的锦鲤苗或家鱼试水，如果试水鱼24 h后没有异常，说明可以放锦鲤苗，如果试水鱼24 h内有一定比例的死亡，隔1 d再试水，直至可以放苗为止。

在上午8:00—11:00放鱼种入塘，放养密度为0.5～2尾/m²，投喂粗蛋白含量≥35%、粒径适当的膨化饲料，每天投喂3～4次。

养殖期间每天清晨巡塘，日常管理、水质管理参照前述"苗种培育"部分。

## 五、亲鱼培育

从养殖了足2年的鱼种中挑选品质最好的20%作为后备亲鱼，选留的雄鱼可用于当年繁殖，雌鱼则继续培养，下一年才作为产卵鱼。2龄雄鱼在当年繁殖后可与同一年的雌鱼合并培育，其他较老的亲鱼可淘汰一部分繁殖力下降、生长停滞的个体，包括4＋龄以上的雄鱼及8＋龄以上的雌鱼，这些淘汰鱼作为商品鱼出售，留下的亲鱼则继续培育，以后繁殖再用。

### （一）后备亲鱼的挑选

主要看以下几个方面：

（1）生长速度。应选留生长速度快的个体，同样年龄的鱼中挑选个体较大的前 30%。

（2）生长潜力。从体形可大致判断生长潜力，头板较宽、尾柄较高、尾鳍较大的一般生长潜力较大。

（3）体形。除了反映生长潜力的几个体形特征外，还有体轴（身体纵轴）要正，左右要对称；各鳍要形态规范、左右对称、不小于正常比例；身体适度丰满，丰满程度与性别、年龄相符。

（4）泳姿。稳健、有力。

（5）色泽。色质厚、均匀，光泽油润（金银鳞除外），有白质的品系白质厚实、洁白，各品系色质光泽符合品系特征。

（6）模样。符合品系特征，绯盘切边清晰，腹部不宜有大片绯盘，各鳍白色半透明，与身体颜色切割清晰。模样方面作为亲鱼的要求与鉴赏的要求有所差别，对于不可遗传或遗传率很低的特征无要求。

（7）相互亲缘关系。雌雄亲鱼之间不宜有 3 代内血亲，所以鱼场内应做好血统记录，或主要品系建立不少于 2 个家系，配种的雌雄鱼来自不同的家系，另外，每一代从其他鱼场引进适量其他家系的亲鱼。

### （二）亲鱼养殖管理

使用中大型土池，面积 1 500～3 000 m²，总深度 2.5～3.5 m，蓄水深度 ≥2 m。按 2 000～3 000 kg/hm² 的密度放养，新补充亲鱼最好与经产亲鱼养殖在不同池塘。投喂粗蛋白含量≥35%、粒径适当的膨化饲料，每天投喂 3～4 次。每 7～14 d 补充投喂适量青饲料和动物蛋白饲料，前者包括浮萍、芜萍、青菜叶、菠菜等，后者包括蚕蛹、蝇蛆、大麦虫、虾肉等。

养殖期间每天清晨巡塘，日常管理、水质管理参照前述"苗种培育"部分。

## 第四节 病害防治

## 一、病害防治策略

锦鲤是高度近亲化的品种，遗传多样性的减少造成其抗病力下降，不但疾病容易发生，而且一旦发病往往造成很大损失，鱼场如果没有控制好病害，经济效益就会受到很大的影响，一个区域如果没有控制好疫情，整个锦鲤产业都会遭受巨大经济损失。

根据健康养殖的内涵和要求，养殖锦鲤在病害防治方面，一定要坚持以防为主的策略，尽可能减少疾病发生，减少因病用药。要减少发病的机会，主要是采取以下各方面的措施：保持良好水质、避免使用被污染的水、池之间不要过水串水、池水循环使用时在入池前要杀菌消毒、拉网操作和搬运时避免损伤鱼体、保持足够的溶解氧量、购买来的鱼要先消毒再放池、尽量不混养不同来源的鱼。

## 二、主要疾病及其防治

### （一）真菌性疾病

主要是水霉病、鳃霉病。

**【症状及病原】** 水霉病的病原是水霉菌，主要表现是体表或鳍生长棉絮状白毛，鱼体消瘦，发病的起因是水温低并且体表受伤皮肤黏膜被破坏。

**【治疗方法】**

① 提高水温至 30 ℃，用亚甲基蓝 2 mg/L＋甲醛 20 mg/L 合剂全池泼洒，隔天再用 1 次，共施药 3 次。

② 用渔用中成药，按照药物使用说明，一般为浸泡或浸出液全池泼洒。

### （二）细菌性疾病

**1. 赤皮病**（赤皮瘟）

**【病原】** 荧光假单胞菌。

**【症状】** 大范围的皮肤充血、发炎，躯干两侧症状尤其明显，鳍基充血发炎，鳍条末梢腐烂，鳍间膜被破坏致使鳍丝散乱而且参差不齐。

**【诊断方法】** 赤皮病与细菌性出血病、疖疮病的症状都有相似之处，须结合多方面观察比较才能确诊，简单地说，出血病的充血是从肌肉充血反映出来的，赤皮病的充血是在皮肤，另外，患出血病鱼的烂鳍情况不如赤皮病严重，而疖疮病的病灶面积没有赤皮病那么大，局部的溃疡比赤皮病严重。

**【预防措施】** 预防措施与其他细菌性疾病类似，包括下列几方面：

① 搬运操作时尽量避免鱼体受伤。

② 保持良好水质，保持水体清澈，使水体内非离子氨（$NH_3$）≤0.05 mg/L、亚硝酸盐（$NO_2^-$）≤0.05 mg/L，溶解氧≥5.0 mg/L。

③ 经常投喂新鲜蔬果。

**【治疗方法】** 赤皮病一旦发生，须立即采取药物治疗，具体如下：

① 全池（缸）泼洒漂白粉，剂量为 1 g/m³。

② 全池（缸）泼洒二氯异氰脲酸钠，剂量为 0.3 g/m³。

③ 全池（缸）泼洒季铵盐碘（10％含量），剂量为 0.5 g/m³，连用 2 d。

④ 磺胺药拌饵料投喂，每千克鱼每天喂药量为 50～100 mg，连喂 1 周。

⑤ 恩诺沙星粉或诺氟沙星粉拌饵料投喂，每千克鱼每天喂药量为 50～100 mg，连喂 4～5 d。

**2. 竖鳞病**

【病原】竖鳞病又叫立鳞病、松鳞病等，病原为水型点状极毛杆菌。

【症状】患病鱼全身鳞囊发炎、肿胀积水，鳞片因此几乎竖立，鳞片之间有明显缝隙而不像正常鱼的鳞片那样紧贴，整条鱼看上去比正常的鱼肥胖很多。

【诊断方法】鱼全身的鳞片不紧贴身体，看上去鳞片之间有明显的缝隙，即可以确诊为竖鳞病。关键点是，竖鳞是全身性的，其他的炎症可能造成局部鳞片松散，那不能算竖鳞病。

【预防措施】

① 经过长途运输的鱼要进行体表消毒。

② 尽量避免水温起伏。

③ 保持良好水质，避免氨氮、亚硝酸盐超标。

【治疗方法】

① 3％食盐水浸泡鱼体 10 min，每天 1 次，连用 3 d。须注意有些鱼类不能承受，浸泡时要注意观察，随时终止。

② 碘制剂（包括季铵盐碘、聚维酮碘、络合碘等）泼洒水体，含有效碘 10％的该药物使用剂量为 0.5 g/m³，隔天再用 1 次。

③ 水体泼洒漂白粉 1 g/m³，或二氧化氯或二氯异氰脲酸钠或三氯异氰脲酸 0.2～0.3 g/m³，隔 2 天再施用 1 次。

④ 氟苯尼考或磺胺二甲嘧啶拌饲料投喂，药量按每千克鱼体每天 100 mg。

⑤ 肌肉注射硫酸链霉素或青霉素钾，每千克鱼体 10 万 IU。

**3. 细菌性烂鳃病**

【病原】柱状黄杆菌。

【症状】①呼吸急促；②鱼体发黑失去光泽，头部尤其乌黑；③揭开鳃盖可见到鳃部黏液过多、鳃的末端有腐烂缺损、鳃部常挂淤泥；④病情严重时鳃盖"开天窗"，即鳃盖上的皮肤受破坏造成鳃盖中部透明；⑤高倍显微镜下观察可见到大量的病原菌。鳃部病灶症状见图 6 - 15。

图 6 - 15　锦鲤细菌性烂鳃病的病灶
（由王培欣提供）

81

【预防措施】保持良好水质，保持水体清澈，使水体内非离子氨（$NH_3$）≤0.05 mg/L、亚硝酸盐（$NO_2^-$）≤0.05 mg/L，溶解氧≥5.0 mg/L。必要时泼洒药物杀菌1次，常用药物及达到的浓度是：漂白粉1 g/m³；二氧化氯0.2～0.3 g/m³；三氯异氰脲酸0.3 g/m³；或按照药物使用说明书所嘱施用。

【治疗方法】细菌性烂鳃病是锦鲤常见病、多发病，但是治疗并不困难。一般采用水体泼洒药物的方式，有很多杀菌药物都是有效的，最常用的药物治疗方法是以下几种（每一条是一个独立的处方）：

① 全池泼洒漂白粉1 g/m³，或二氧化氯或二氯异氰脲酸钠或三氯异氰脲酸0.2～0.3 g/m³，隔2 d再施用1次。

② 全池泼洒季铵盐碘，含有效碘1%的该药物使用剂量为0.5 g/m³。

③ 全池泼洒聚维酮碘，含有效碘1%的该药物使用剂量为0.5 g/m³。

④ 草药治疗：大黄或乌桕叶（干品）或五倍子等，剂量2～5 g/m³，煮水泼洒。

**4. 细菌性肠炎**

【病原】肠型点状气单胞菌。

【症状】患病鱼体表发黑，头部尤甚，食欲减退，肛门红肿，粪便水样或黏液状，腹部膨胀，腹部鳞片松弛，轻压腹部有脓状黏液流出。解剖可见体内症状：腹腔积水，肠道膨胀充满黏液或水而无食物，肠道壁变薄且充血，肠道后半部充血发炎尤其明显。

【诊断】核对上述症状就可以基本判断了。确诊此病的最可信方法是检测外观症状符合的患病鱼的肝、肾、血中的病原菌，如果是点状气单胞菌就可确诊了。

【预防措施】

① 喂食时注意饲料要新鲜、干净；

② 雨季初期每周投喂1次含大蒜素0.1%的药饵或含恩诺沙星0.05%的药饵；

③ 雨季初期每半个月泼洒药物杀菌1次，常用药物及达到的浓度是：漂白粉1 g/m³；二氧化氯0.2～0.3 g/m³；三氯异氰脲酸0.3 g/m³；或按照药物使用说明书所嘱施用。

【治疗方法】

① 恩诺沙星拌料投喂，每100 kg鱼每天喂2～5 g药，连喂3 d。此法仅对症状轻微的初期感染有效。

② 全池泼洒漂白粉1 g/m³或二氯异氰脲酸钠0.3 g/m³。

③ 全池泼洒生石灰，用发好的生石灰化成乳液状均匀泼洒，生石灰用量为20～30 g/m³。

④ 中草药泡汁，苦楝树叶 525 kg/hm²，扎成数捆投入池塘任其汁液蔓延全池。

### （三）寄生虫及原生动物性疾病

**1. 指环虫病、三代虫病**

【症状】二虫形态及造成的病症都很接近，主要寄生于鳃部和身体表面，病鱼鳃盖张开，呼吸急促，身体发黑。显微镜检测可见到蛆状透明虫体。

【治疗方法】

① 晶体敌百虫（含量 90%）溶解并稀释后泼洒，使水体最终药物浓度达到 0.2～0.3 mg/L；

② 亚甲基蓝泼洒，使水体最终药物浓度达到 2～4 mg/L；

③ 药物泼洒水体，使达到 20 mg/L 甲醛＋2 mg/L 亚甲基蓝药物浓度；

④ 用渔用溴氰菊酯溶液全池泼洒，使池水呈 0.02 mg/L 浓度，每天 1 次，连续 3 次。

**2. 卵甲藻病**

【病原】裸甲藻目、嗜酸性卵甲藻属、胚沟藻种，为寄生性单细胞藻类。

【症状】病鱼体表和鳍上出现大量小白点，黏液分泌增加。严重时小白点布满全身体表和鳍上，白点之间有充血的红斑，尾部特别明显，鱼体表好像黏了一层米粉，故俗称"打粉病"。发病初期，病鱼食欲减退，呼吸加快，精神呆滞，有时拥挤成团，有时在石块或池壁摩擦身体；病重时，浮于水面，游动迟缓。虫脱落后，病灶发炎、溃烂，有的溃疡病灶可深入鱼骨，有的继发感染水霉病，最后病鱼瘦弱，大批死亡。

【诊断方法】根据以上症状和养鱼水体 pH（5～6.5）可以初诊。刮取黏液和白点于载玻片上，加少量水在显微镜下观察，可以发现大量藻类个体呈肾形，外有一层透明的纤维壁，体内充满淀粉和色素体，中间有一大而圆的核。

【预防措施】

① 放养前要对池塘养殖水体进行严格消毒，1 500～2 250 kg/m³ 生石灰化水全池泼洒，彻底清塘消毒，pH 稳定在 8 左右后再投放鱼种。

② 在饲养期间，每半个月泼洒 1 次生石灰，使池水生石灰浓度达到 20 mg/L，控制池水呈微碱性，pH 达 8 左右。

③ 发现病鱼要及时隔离治疗，已不可救药的病鱼和死鱼要及时捞出。

【治疗方法】用硫酸铜全池泼洒，使池水呈 0.5 mg/L 浓度，或用 10～12 mg/L 硫酸铜溶液浸洗病鱼 10～15 min（视鱼体反应而定），每天 1 次，连续3～4 次。

**3. 黏孢子虫病**

【病原】原生动物孢子虫纲的黏孢子虫。

【症状】黏孢子虫主要寄生于锦鲤的鳃部和体表，白色孢囊堆积成瘤状，孢囊寄生部位因引起鳃组织形成局部充血而呈紫红色或因贫血而呈淡红色或溃烂，有时整个鳃瓣上布满孢囊，使鳃盖闭合不全，体表鳞片底部也可看到白色孢囊，病鱼极度瘦弱，呼吸困难，缺氧而致死。

【诊断方法】黏孢子虫，一般寄生在体表和鳃上，肉眼可看到孢囊，取锦鲤鳃上或体表孢囊内含物放在载玻片上，加少量水在显微镜下观察，若发现大量充满视野的孢子虫的孢体，形态呈卵形或椭圆形，扁平，前端有 2 个极囊，等大或不等大，即可确诊。

【预防措施】

① 池塘放养前要排尽水，清理过多的淤泥，有条件的池塘进行冬季晒塘，在锦鲤放养前 10～12 d，漂白粉 0.01 kg/ m² 或 1.5～2.25 kg/ m² 生石灰化水全池泼洒，这样可杀灭淤泥中的孢子，以减少此病发生。

② 不从发病的鱼场买鱼。

【治疗方法】

① 用 C 型渔用灭虫灵（渔用溴氰菊酯溶液）全池泼洒，使池水呈 0.02 mg/L 浓度，每天 1 次，连续 3 次。

② 用 40～50 mg/L 的高锰酸钾溶液浸洗病鱼 15 min，具体浸洗时间视鱼的活动状况而定，每天 1 次，连续 3 次。

**4. 锚头鳋病**

【病原】锚头鳋，常寄生于锦鲤的体表鳞片下、鳍基部或鳃部。

【症状】锚头鳋以头胸部插入宿主的鳞片下和肌肉里，而胸腹部则裸露于鱼体之外，在寄生的部位，肉眼可见到针状的病原体。发病初期，病鱼呈现急躁不安，食欲减退，体质消瘦，游动缓慢，终至死亡。

【诊断方法】将病鱼取出放在解剖盘里，仔细检查病鱼的体表、鳃弧、口腔和鳞片等处，若看到一根根似针状的虫体即是锚头鳋的成虫，即可确诊。有经验的人不需要取出虫体，一眼就可确诊。

【预防方法】用 1.5～2.25 kg/ m² 生石灰进行清塘，杀死水中锚头鳋幼虫及带有成虫的鱼种和蝌蚪。

【治疗方法】

① 可用 90％晶体敌百虫全池泼洒，使池水呈 0.5～0.7 mg/L 浓度，能有效地杀死锚头鳋成虫。

② 病情严重时可用"杀虫王"全池泼洒，使池水呈 0.3 mg/L，每天 1 次，连续 2 次。

③ 用 B 型灭虫灵全池泼洒，使池水呈 0.5 mg/L 浓度，每天 1～2 次。

**5. 小瓜虫病**

【病原】多子小瓜虫。

【症状】小瓜虫病又叫白点病，患病鱼全身遍布小白点，严重时因病原对鱼体的刺激导致患病鱼分泌物大增，体表形成一层白色基膜。

【诊断方法】显微镜观察病灶部位黏液的涂片，可见到瓜子状的原始单细胞生物。

【预防措施】

① 保持适当的水温，避免越冬水温过低；

② 避免在水温低时捕捞、搬运；

③ 使用对黏膜没有伤害的药物如聚维酮碘进行鱼体消毒。

【治疗方法】

① 将水温提高到 30 ℃，同时加盐使水体盐度达到 3；

② 亚甲基蓝化水后泼洒，使水体浓度达到 2～3 mg/L；

③ 大蒜素水体泼洒，使水体浓度达到 2～3 mg/L；

④ 在保证水温不剧烈变化的条件下，让鱼在 20 cm 的水位下晒太阳或紫外灯照射，每天 1 h，连晒 3 d。

**6. 车轮虫病**

【病原】车轮虫，是一种原生动物（单细胞动物）。

【症状】同一水体大批的鱼同时身体发黑、体表黏液增多，在水表层缓游，扒开鳃盖可见到鳃部黏液多、颜色不正常、部分鳃组织受到破坏。病症严重者表皮发炎糜烂、大批死亡。

【诊断办法】刮取体表和鳃部黏液，在显微镜下观察，可见到直径仅数十微米的车轮状原生动物。

【发病规律】危害对象以 1 龄以下的鱼为主，1 龄以上的鱼较少受到伤害。

【预防措施】预防车轮虫病主要有以下几条措施：

① 保持良好水质，做到"肥、活、嫩、爽"；

② 不施用未经腐熟发酵的粪肥；

③ 定期用广谱消毒药如漂白粉、生石灰等进行水体消毒。

【治疗方法】

① 硫酸铜与硫酸亚铁合剂（5：2）水体泼洒，剂量为 0.7 g/㎡；

② 福尔马林水体泼洒，剂量为 20～30 mL/m³；

③ 苦楝树枝叶熬汁泼洒，用量 50 g/㎡，或将苦楝树枝叶捆扎投放于水体内浸泡。

### （四）病毒性疾病

**1. 疱疹病毒病**

这一度是令锦鲤养殖业者闻之色变的"瘟疫"，2005年以来，每年给世界养鲤业造成数千万至上亿美元的损失。

【病原】鲤疱疹病毒（KHV），一种DNA病毒。

【症状】病鱼体表有溃疡，皮肤黏膜被破坏而失去光泽，局部皮下充血，鳍膜不同程度糜烂、末梢鳍丝裸露，鳃组织局部坏死，常见鳃部有火柴头大小的脓样坏死物，眼球下凹。一尾病鱼往往不是全部症状都有。体表症状参见图6-16。

图6-16 患疱疹病毒病的锦鲤
（由王培欣提供）

【流行特征】水温13～29 ℃是发生条件，在这个温度范围以外，即使鱼体携带病毒，也不会出现症状。

【诊断方法】肉眼观察对照，群体中同时出现两种或两种以上症状则基本可确定。进一步确诊需用PCR仪做DNA扩增，专用引物检测。

【预防措施】秋季末开始，经常投喂清火类中草药拌的药饵，有效的中草药是：板蓝根大黄散、大黄粉、四黄粉。每1～2周拌饵投喂1 d。

【治疗方法】

① 将水温提高到30 ℃，渔用聚维酮碘泼洒，使水体达到1 mL/m³的浓度。

② 投喂中草药药饵，连续1周，同时鱼塘泼洒聚维酮碘，使水体达到1 mL/m³浓度，连续泼洒3 d。

③ 500 mL/m³浓度聚维酮碘浸泡患病鱼30 s，每天1次，连续3 d。

**2. 昏睡病**

【病原】鲤浮肿病毒（CEV），是一种DNA病毒。

【症状】鱼静伏池底、很少游动，表皮可见血丝，特别是白色皮肤位置血丝尤其明显，患病鱼食欲减退甚至消失，除此之外几乎没有其他症状。患病鱼不会迅速死亡，如果没有采取治疗措施，一段时间后会零星死亡。

【发病规律】容易发生在季节转换、温度剧变的时期，幼鱼较易发生，经历过一次此病的鱼一般不会再发病。在养殖过程中较少发生，在搬运、长途运输之后最常发生。

【预防措施】

① 转换锦鲤养殖场所时注意前后两池及运输时的温差，如果温差超过

2 ℃，就必须经过至少半小时的过水、同温，才能进入下一环节；

② 在感冒多发季节每 10 d 左右全池泼洒聚维酮碘杀灭病毒，剂量 0.5 mL/m³；

③ 感冒流行季节间插投喂板蓝根、大黄粉拌制的药饵，药和饲料的比例为 1∶1 000；

④ 新搬运来的鱼用 500 mL/m³ 聚维酮碘溶液浸泡 30 s，同时，纳鱼池加食盐至 0.3%～0.5%浓度。

**【治疗方法】**

① 1%食盐溶液浸泡 20 min，每天 1 次，连用 3 d。

② 聚维酮碘全池泼洒，剂量 0.5～1 mL/m³。

③ 板蓝根大黄散浸泡 12 h 后全池泼洒，用量 2～3 g/m³。

（文：汪学杰，图：汪学杰、王培欣）

# 亚洲龙鱼的健康养殖

亚洲龙鱼又名美丽硬仆骨舌鱼，学名 *Scleropages formosus*，原产于东南亚的马来西亚、印度尼西亚、新加坡、越南、柬埔寨、缅甸等地。20 世纪 80 年代以来，亚洲龙鱼在原产地有大量的商业繁育活动，是当地观赏鱼产业的重要种类。

马来西亚和印度尼西亚等国不断增加养殖面积和保持庞大的亲本数量以增产商品鱼来满足世界各地观赏鱼市场的需求，近年来由于种群老化、养殖塘环境恶化等导致亲鱼易生病甚至不繁育的现象增加。另外，在养殖规模暴增的情况下很多鱼场对亲本品质控制不严，大量的不科学的杂交行为等亦导致了亚洲龙鱼（特别是金龙）种质有所下降。

东南亚地区的亚洲龙鱼养殖场基本都属于养殖繁殖一体式，即包含养殖与繁殖的内容，产品为鱼场自己繁育的鱼苗或未成年商品鱼。因此，亚洲龙鱼的健康养殖实际包含繁殖和商品鱼养殖两个阶段。从另一个角度说，亚洲龙鱼的健康养殖包含个体健康、种群健康和环境健康等方面的内容。

个体健康是对产品个体的质量而言，从个体水平看，每一尾龙鱼都应是符合质量标准的，体形体色正常，不带病，不带心理缺陷。获得个体健康的龙鱼的途径，就是为它们提供良好的、与其自然习性相协调的养殖环境，以及与其营养需求相协调的饲料和饲养方式，使它们在养殖过程中不生病或者少生病，不用药或者少用药。

种群健康是指种质的健康、遗传基因的健康。具体地说，群体遗传的健康应该包括：丰富的遗传多样性、优质基因在群体中表达的比例高、生命力相关基因的稳定遗传等。亚洲龙鱼的健康养殖亟须种质复壮、品质复纯、提高亲鱼的繁殖利用率等的技术支持。

环境健康是指养殖过程有利于或者至少无害于环境的保护，不向自然水域排放抗生素、化学药物等，排放水不增加自然水域物质循环的负荷，不会造成或加剧自然水域水质恶化。

# 第一节 亚洲龙鱼的历史和商业地位

亚洲龙鱼生物学分类地位属于：脊索动物门 Chordata、辐鳍鱼纲 Actinopterygii、骨舌鱼目 Osteoglossiformes、骨舌鱼亚目 Osteoglossidei、骨舌鱼科 Osteoglossidae、坚体鱼属 *Scleropages*，是一个古老而拥有神秘色彩的物种。

骨舌鱼类的祖先出现在中生代三叠纪（中生代的第一纪），距今 2.37 亿～2.42 亿年，此前地球上有两块大陆，即南半球的刚地瓦纳大陆（Gondwana-land）和北半球的劳亚古大陆（Laurasia），在三叠纪之前或三叠纪之初，这两块大陆由于陆地漂移而连接在一起，形成天下共有一个大陆的局面，于是各种动物甚至植物，发生了广泛的渗透扩散，原本只在其中一个大陆生活的物种，在两个大陆都有了分布，这时，这块大陆上已经出现了古代骨舌鱼，即现存骨舌鱼目所有鱼类的共同祖先。但仅仅几百万年之后，这两块大陆又"分家"了，于是各种生物在两块大陆上各自向着不同的方向进化，在向北漂移的劳亚古大陆上，骨舌鱼向着狼鳍鱼科演化，而在南半球的刚地瓦纳大陆上，骨舌鱼目的古老祖先演化为后来的骨舌鱼科鱼类，现在的 5 种龙鱼都是骨舌鱼科所属的骨舌鱼亚科的鱼类。再后来，刚地瓦纳大陆又分裂出一小块陆地逐渐北漂，一路上发生多次分裂，遗留下印度尼西亚群岛，并与北半球的劳亚古大陆相连形成了现在的东南亚半岛，骨舌鱼亚科在这些地方演化出了美丽硬仆骨舌鱼，也就是亚洲龙鱼。

诞生 2 亿多年来，骨舌鱼目鱼类不断地发生演化和分化，但是骨舌鱼科鱼类由于生活环境变化较小，形态变化比较小，而且一些特殊的生活习性也得以延续，口孵繁殖行为延续至今，成为吸引了广大观赏鱼爱好者的重要卖点。

亚洲龙鱼曾被列入 CITES 附录Ⅰ，在国际贸易中被严格限制交易。经过产地多年的人工繁育后被降级为附录Ⅱ，允许马来西亚、印度尼西亚、新加坡等国经过论证获得 CITES 注册的龙鱼养殖（繁殖）场（公司）每年出口一定数量的人工繁殖个体（$F_2$ 及以后）。目前亚洲龙鱼的商业繁殖主要还是在上述三国，从地理位置看均分布在 3°N—3°S 的热带地区。

在观赏鱼市场，亚洲龙鱼拥有独特的魅力，它被认为与传说中的龙有密不可分的联系，被认为可能是古代龙图腾的来源之一，被人们赋予浓厚的神秘色彩和神秘的风水价值。亚洲龙鱼在中国、世界各地有华人聚居的地区有着广大的消费市场，而中国是亚洲龙鱼的主要消费市场，从家庭到公司企业，养一缸霸气的龙鱼，有镇宅挡煞、消灾兴旺之说，使其成为名副其实的"风水鱼"。据统计，截至2019年，每年有25万～30万尾亚洲龙鱼（主要是红龙鱼及金龙鱼）输入中国，是中国热带观赏鱼销售额前五位的种类之一。

## 第二节　亚洲龙鱼的生物学分类及商品分类

亚洲龙鱼分布在东南亚地区，不同地区的亚洲龙鱼因为地理隔离而各自适应性演化的缘故，形成了金龙（gold arowana）、红龙（red arowana）和青龙（green arowana）三个主要种群，它们各自的分布地区如下：

红龙鱼主要分布于加里曼丹岛上印度尼西亚所属的卡普阿斯河和仙塔兰姆湖（Sentarum Lake）。

金龙鱼主要分布在马来西亚以及印度尼西亚的苏门答腊岛。其中过背金龙原始分布地为马来西亚武吉美拉湖与周边河域，红尾金龙分布在马来西亚雪兰莪州八丁燕带湖、霹雳州安顺湖畔河域，以及印度尼西亚苏门答腊岛马哈托河、芒哥河、江汝河、辛基基河、里特河、尼洛河等区域，分布范围比过背金龙更广。

青龙分布最为广泛，柬埔寨、泰国、老挝、马来西亚、缅甸等许多东南亚国家以前都发现过野生的青龙鱼。

观赏鱼业界根据龙鱼的来源地、体形、体色表现及人工培育后代的新特征等人为命名了若干种亚洲龙鱼。以下介绍几个比较传统、市面有流通的品种。

### 一、一号红龙

一号红龙（图7-1）栖息于印度尼西亚加里曼丹岛卡普阿斯河流域及仙塔兰姆湖，体长能长至90 cm之巨，根据鳞片红色的程度及红色占据鳞片的比例又可分为血红龙、辣椒红龙、橘红龙等。原始的一号红龙鳞片底色大多为绿色，头顶部及背部为墨绿色至草绿色。经过多年的人工改良，出现了蓝底、紫艳、五彩、七彩等丰富的底色表现，红色越来越浓烈；胸鳍、背鳍、臀鳍及尾鳍等各鳍更大更长，占据身体的比例越来越大；出现眼后头顶部稍凹陷，俗称"汤匙头"等特征。这些都是人工改良红龙的方向。根据鱼场来源而命名的品种亦是龙鱼爱好者各花入各眼的选择标准之一。

图 7-1 一号红龙
（藏龙阁明哥摄）

## 二、号半红龙

本种可能是产自仙塔兰姆湖的发色稍逊的血红龙与在印度尼西亚马辰（Banjarmasin）周边采集的优良个体混种产生的，也叫斑迦红龙。也有人认为有这种自然杂交体。虽亦属红龙，发色却不红，身体青斑较明显，背鳍、臀鳍、尾鳍边缘泛黄。其小鱼期很难跟一号红龙分辨开。

## 三、红尾金龙

红尾金龙（图 7-2）又名苏门答腊金龙，原产于印度尼西亚西部的苏门答腊岛。红尾金龙最大的特点是身体两侧闪亮的金色只能上到第五排鳞片的一半，头顶至背部、背鳍和尾鳍上半部为黑褐色，尾鳍下半部及臀鳍则是醒目的红色。其体长可达 50～60 cm，是印度尼西亚特有的金龙品种。

图 7-2 红尾金龙
（罗建仁摄）

91

## 四、黄尾龙

黄尾龙（图7-3）与红龙产地相同，常在小鱼期与红龙一起被进口。黄尾龙体长较短且背部高宽，头长稍短，口裂角度比红龙稍大。成体黄褐色，鳞片中央有淡蓝色马蹄印状斑纹，像青龙。背鳍、臀鳍、尾鳍外缘有清晰的黄色边框。

图7-3　黄尾龙
（刘超摄）

## 五、青龙

青龙亦称绿龙鱼。目前被认为广泛分布于东南亚地区，已知的分布区域从柬埔寨到泰国、马来西亚及印度尼西亚加里曼丹岛等地。体长可达60 cm左右。头稍短，体背较宽。全身呈现带淡蓝绿色的银色。各鳍稍透明带灰黑纹路。小鱼开始鳞片有蓝绿色的马蹄印纹。青龙鱼性格较温驯，整体颜色较朴素，价格便宜，多与红龙或金龙鱼等搭配混养。

## 六、过背金龙

过背金龙（图7-4）亦称马来金龙（Malyan bonytongue arowana），栖息于马来半岛西侧水系。过背金龙全长可达60～70 cm。人工繁育后代多在60 cm以内。相较于红龙，过背金龙体型略小，且各鳍不大。头部两侧脸颊的金黄色及身体两侧宽大整齐的闪闪发光的金黄色鳞片为最大亮点。鱼鳞的金色鳞框越过背部（即第六排鳞片）者称为"过背"。金色的鳞片在太阳光或灯光照射下呈现或浓或淡的金属光泽称为底色，可分为绿底、蓝底、金底、紫底等。原始血统的过背金龙多为墨绿或翡翠绿底，蓝底是经典的过背金龙标志。在养殖技术越来越成熟的背景下，经过多代人工选育，出现了金质蔓延至头顶部甚至部分鳍基的个体，称为"金头"。从体形上也可分为两种：体背高宽者被称为霸王型；体背较矮、体较修长者称为帝王型。

图7-4 过背金龙
(藏龙阁明哥摄)

### 七、高背金龙

多数人认为高背金龙是过背金龙与红尾金龙杂交后的子代。笔者在多年的金龙鱼繁育经历中发现,纯过背金龙种群的后代里也会出现高背金龙,这一现象在后文会再详述。一般把金色只上到腹部侧面第五排鳞片、跨不过第六排的个体称为高背金龙。高背金龙价格比过背金龙低,市场接受度更大。多年前在马来西亚和印度尼西亚等地金龙鱼场数量激增的情况下,观赏鱼市场曾出现大量的各种表现的高背金龙。

### 八、彤艳金龙

又称紫底过背金、紫艳金等。其是在人工繁育的条件下把过背金龙和红龙杂交再选育得到的后代。初代品相优良者体形如过背金龙般,鳞片金质稍薄,鳞框细而明显,橘红色,鳞底散发绿色或蓝色带紫的特别的金属光泽渐层,两鳃盖淡橘红色,尾鳍黄铜色。随着人工改良不断进行,出现了更多更浓厚的金属色泽表现者。

### 九、图腾金龙

该品种(图7-5)较晚被发现于缅甸,又被称为蔓藤花纹龙。其体形和体色表现均似金龙。体较纤细,被偏浅的金黄色鳞片,鳞片上蓝绿色的马蹄印较清晰。背鳍、尾鳍、臀鳍三鳍外缘均有一圈浅黄边。让人最叹为观止的是其鱼体两侧从鳃盖到尾鳍基部都布满了蔓藤花状的蓝绿色纹路,而且随着成长,图腾般的纹路会越来越清晰。鳞片底色泛着翡翠绿光泽,让人爱不释手。

图7-5　图腾金龙

（刘超摄）

# 第三节　生物学特性与自然习性

　　亚洲龙鱼是一种分布在泰国、马来半岛、苏门答腊岛和加里曼丹岛等热带地区的淡水河流和湖泊水域的大型热带鱼。它们骨骼为硬骨，体修长侧扁，成体体长可达60～100 cm。头大，口上位，口裂大，有舌，属硬骨舌鱼类。上下颌有齿，下颌前端须1对。眼睛大，视力好。胸鳍发达，尾柄粗壮有力。尾鳍扇形，背鳍、臀鳍偏后，与尾鳍不连。体侧扁，身体两侧覆盖宽大、整齐叠生、闪烁金光的鳞片。

　　在野外，亚洲龙鱼主要栖息在水质偏酸偏软的静水区域。属凶猛肉食性鱼类，以鱼、虾、昆虫甚至爬虫、鸟类等为食。其跳跃能力惊人，能跃出比体长高的水面捕食。亚洲龙鱼性成熟周期长，人工养殖环境下需4～5龄。雄鱼发情时非常凶猛，地盘意识强。雌雄双鱼会选择一块水流平缓、有躲避物、安静、稍硬的河床面做巢，不断地追打靠近鱼巢的所有鱼类，反复盘旋同游，互相摩擦身体刺激发情。时机成熟时雄鱼用身体和背鳍逼紧雌鱼，把雌鱼摁在产床上剧烈抖动，此时雌鱼产卵，雄鱼同时射精，之后雄鱼把受精卵逐一含入口中。龙鱼的受精卵大，直径为1.3～2.0 cm。每次产卵量不多，十几到三十几枚。孵化期约60 d，在此期间含卵的雄鱼不摄食，常躲避在阴暗处，不断地扇动鳃盖带动口腔水流，待到卵黄被完全吸收时小鱼体长已达6～7 cm，此时离开父亲的嘴巴已能捕食小鱼小虾。此种繁衍方式使亚洲龙鱼得以延续至今（图7-6）。

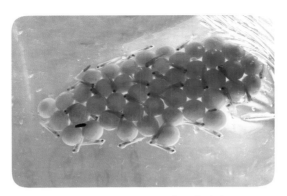

图 7 - 6  祥龙渔场收获金龙小鱼

(祥龙鱼场阿玮摄)

# 第四节  商品鱼健康养殖

亚洲龙鱼的生产分为 4 个阶段，即繁殖、孵化、鱼苗培育、商品鱼养殖，这 4 个阶段的生产设施、技术措施及管理各有特点，以下按照健康养殖的要求分别简单叙述。

## 一、繁殖

繁殖是东南亚地区龙鱼养殖场最重要的、根本性的生产环节，是其他 3 个生产环节赖以存在的基础。

目前普遍采用的繁殖方式是土池群体繁殖法，也就是把一群成熟的亚洲龙鱼放入土质基底的鱼塘，由其自行配对、产卵，定期采收胚胎。

繁殖池建于黏土（黄泥）或黏壤土基质上，一般为长方形，长度约为宽度的 2～4 倍，按水面计，宽度 8～12 m，长度 20～30 m，坡度 1∶（1～1.5），水深 1.5 m，水面至堤面 0.5～1 m，池周边自然生长或人工种植挺水植物，水底设排水口，由排水管连接至排水渠或沉淀池，排水管可采用竖管溢流的方式控制水位，也可在池塘侧壁另设溢流口，进水口在水面上约 50 cm 位置。池与池之间的堤面宽度 3～10 m，可种植果树或印度杏树（其树叶即为所谓的榄仁叶或"懒人叶"）。每个繁殖池放养性成熟的金龙鱼亲鱼 20～30 对或红龙鱼亲鱼 15～20 对。池塘结构和布局可参考马来西亚祥龙鱼场（图 7 - 7、图 7 - 8）、马来西亚金江仟湖鱼场（图 7 - 9）等。

图 7-7 马来西亚祥龙鱼场局部鸟瞰图
（祥龙鱼场阿玮摄）

图 7-8 马来西亚祥龙鱼场土池
（祥龙鱼场阿玮摄）

图 7-9 马来西亚金江仟湖鱼场
（汪学杰摄）

繁殖池的水源应为当地地表水，无工业污染，pH 6.0～6.8，硬度≤100 mg/L。水源从自然水体进入鱼场的蓄水池，消毒后通过管道注入每一个鱼池。由于龙鱼繁殖池的养殖密度低，投喂总量少，并且鱼池内的挺水植物有较强的净化水质功能，因此龙鱼繁殖场一般不需要采取循环净化的技术手段。

　　繁殖池的日常管理主要是投喂饲料、水质水位管理、含卵情况观察、亲鱼健康情况观察和应对等。

　　亲鱼的饲料主要是蝇蛆、大麦虫、虾肉、昆虫，有些鱼场会在繁殖池中心水面上方1 m多高的位置挂一盏灯，用于夜间引诱昆虫，这样既能节省饲料、降低成本，又能让龙鱼吃到它们最喜欢的天然食品，并且产生生活于自然水体的感觉，这对其健康是有益的，但是灯光诱虫也存在饲料量不稳定的缺点，另外，也不便于观察龙鱼亲本的活动情况，因此灯光诱集的虫只能作为一种辅助饲料。

　　水位应每天观察，水位低于预设水位时应查找原因并及时补充新水。水质可以通过每天肉眼观察作出大致的判断，另外，最好每周检测一次pH、氨氮（$NH_3$）浓度、亚硝酸根（$NO_2^-$）浓度，如不符合要求，应大量换水。

　　通过对产卵的季节性规律的摸索，在清晨和晚上则可以观察到含卵鱼浮到水面，嘴囊突出明显。另外可依据亲鱼吃食情况和活动情况进行推断，如果有亲鱼守在池塘较阴暗的一角，喂食时也不去抢食，那么这条鱼含卵的可能性就比较大。

　　亲鱼健康状况是通过天刚亮时的观察来判断，这个时候，身体状况不好的鱼往往在池边贴近水面的位置，对人的到来没有敏锐的反应。

## 二、孵化

　　亲鱼含卵后15～30 d是取出胚胎比较适当的时间，因为根据经验，少于15 d的胚胎，人工孵化的成活率很低，而30 d后的胚胎有较高的成活率，但含卵时间过长不仅影响繁殖效率，也对含卵雄鱼的体质造成很大的影响，从而影响该鱼今后的繁殖频率和总量。

　　在没有清晰地观察到亲鱼含卵的情况下，一般雨季到来后1个月左右，给每个繁殖池拉网，收集鱼苗和胚胎，发育10 d以上的胚胎一般都取出进行人工孵化，有游泳能力的鱼苗同样收集起来，在室内鱼缸或小型鱼池集群养殖，此后，每40～50 d拉网收集一次鱼苗和胚胎。进入旱季后一般不进行周期性的拉网，往往是根据观察和以往的经验，在预计有鱼苗或胚胎的时候下网。

　　收获的胚胎放在孵化缸里专门的孵化小罐内（图7-10、图7-11），用水

泵或气泵激起流速适当的水流，保持溶解氧充足，避免强光。孵化用的水应清
澈清净，pH、硬度等水质条件与繁殖池基本一致，基本不含浮游生物。水温
控制在 25～28 ℃。

图 7-10　孵化罐孵化
（刘超摄）

图 7-11　出嘴孵化 30 多 d 的小鱼
（刘超摄）

### 三、鱼苗培育

鱼苗培育一般指从卵黄囊消失到全长 15 cm，这个阶段的养殖一般在玻璃
鱼缸中进行，采用群养的方式，放养的原则是一个鱼缸只能养同一窝鱼苗，鱼
苗长大到一个鱼缸养不下时，再分成两个鱼缸养殖，不把不同窝的鱼苗养在同
一个鱼缸里。

亚洲龙鱼一般每窝 20～50 尾鱼苗，30 尾左右居多，为管理方便，最好用
400～500 L 的玻璃鱼缸，水深 40 cm 左右，长 1.8～2 m，宽 50～60 cm，为减
少污水排放并保持水质稳定，须采用循环过滤的净化方式，最好是每个缸单独
循环，多个鱼缸共用一个循环过滤系统也可以。鱼缸加盖，以防鱼跳出缸外，
鱼缸安放的位置要避免阳光直射，不同品种或养殖者对龙鱼的颜色发育有意加
以控制时，根据品种或发色取向，采用不同的背景色和光源颜色。水质以中性
或略微酸性，即 pH 6.5～7.0 为佳，硬度宜中等，水温 26～28 ℃ 为好。

刚开始时，一般投喂活的摇蚊幼虫（俗称血虫、大头虫），每天 2～3 餐，
每餐的投喂量以正好吃完为度，因此刚开始时要先试验一下，试试让鱼苗尽量
吃能吃多少，比如先放 5 g 摇蚊幼虫，10 min 内吃完了就再放 5 g，直到鱼苗不
再吃了，将吃剩的摇蚊幼虫捞回，沥干水称量，投喂总量减去剩余的量就是此
时的饱食量，之后 2 d 每餐按饱食量的 80% 投喂，每隔 2 d 增加 10% 的投喂量。

投喂活的摇蚊幼虫满 1 周后，鱼苗已长大了一些，全长达到 10～12 cm，
可改用其他个体更大、营养价值更高的饲料，以便有足够的营养支持龙鱼苗的
生长，这时常用的饲料是大麦虫、蝇蛆、小鱼、虾肉等。如果是喂大麦虫，应

选用较小的、壳还没有变硬的，因为龙鱼苗消化能力还比较弱，硬壳的虫子难以消化，容易造成积食、消化不良。蝇蛆要用专门用饲料或粮食培养的，不可用肮脏的环境里捞取的。如果是用小鱼做龙鱼苗的饲料，这些小鱼应该用专门的鱼缸暂养，购入之后暂养缸内加盐、聚维酮碘或强氯精，这样能杀灭小鱼可能携带的致病菌，但是仍然不能保证龙鱼苗的绝对安全，因为小鱼可能携带寄生虫或虫卵，用杀虫剂处理也不是一个理想的办法。比较稳妥的办法是用虾肉，购入小虾（每只重不超过 8 g 为好），按每餐用量分成小包后冰冻保存，投喂前先解冻，去掉虾头，如果龙鱼苗还不到 15 cm，虾壳也要去掉，然后切成适口（龙鱼苗能一口吞下）的小段投喂。

## 四、商品鱼养殖

商品鱼养殖一般是指把鱼苗养成全长 30～40 cm 的中等规格未成年鱼，此处介绍从 15 cm 养到商品鱼规格的技术要求。

此阶段所采用的养殖容器（或者称养殖模式）有 2 种，即鱼缸和大池。

15 cm 的亚洲龙鱼开始表现出领域性，互相发生撕咬打斗，即使同一窝的兄弟姐妹也是如此，因此，如果采用鱼缸养殖模式，则只能一尾一缸地养殖，养殖效率不高，但单缸独养也有管理方便、可以进行诱导发色等优点。而在大池中，由于空间大，只是开始时发生试探性打斗，弱势的一方有躲避的空间，之后各据一方，不会发生死伤。大池养殖有生产效率高、体质好、生长潜力大的优点。根据经验，单缸养殖的亚洲龙鱼，最终规格明显小于池塘中长大的个体。

用 200～400 L 的玻璃鱼缸，水深 40 cm 左右，长 120～180 cm，宽 50～60 cm，配备独立的循环过滤系统，每个鱼缸只养 1 尾龙鱼。刚开始时用 200 L 的小缸，随鱼体成长更换更大的鱼缸，或者一开始就用 400 L 的大鱼缸也可以。投喂大麦虫、蝇蛆、小鱼、虾等饲料，其中大麦虫和蝇蛆不宜长期使用，喂一段时间后应改用其他饲料，小鱼和虾则是可以长期使用的饲料。每天投喂 1～2 餐。

商品鱼养殖大池与繁殖池基本一样，也可以使用稍微大一些的池。鱼池中不需要种植挺水植物，鱼池上方可用遮阴网覆盖 1/3～1/2 水面，以避免水温过高、光照过强。养殖密度为 1 尾/m² 左右。

池塘水质要求：pH 6.0～7.0 为佳，硬度宜中等，氨氮（$NH_3$）≤0.02 mg/L，亚硝酸根（$NO_2^-$）≤0.02 mg/L，透明度 25～35 cm，水色呈清亮的绿色为好，水温 25～30 ℃。

投喂大麦虫、蝇蛆、小鱼、虾或人工配合饲料，其中小鱼小虾一般不建议投喂活体，但是如果有食蚊鱼、金鱼及淘汰的锦鲤，用活体投喂比较好。池塘中投喂饲料要定时、定量、定点，即每天同样时间在同一地点投喂同样数量的饲料（图 7－12）。所谓同样数量，只是短时间量的稳定，随着龙鱼的成长，投喂量必然要逐渐加大，但是不能天天变，只能隔一段时间适当增加一些，然后保持一段时间不变。每天投喂一次，投喂量约占鱼体重的 0.3%～0.5%。

图 7－12　日常投喂

（刘超摄）

养殖期间主要工作是投喂饲料、管理水质水温水位、观察和防范疾病。

池塘养殖的亚洲龙鱼，在出售前 2 周左右，要迁移到鱼缸中，使其适应狭小空间及近距离接触人类，另外，要采取环境条件控制和饲料营养措施，使之表现出更好的光泽和鲜艳度。

## 第五节　疾病防治

亚洲龙鱼是古老的原始鱼类之一，经过漫长的历史进化，成为体质强健、生存能力高、抗病力强的鱼类品种。一般情况下它们不容易得病。人工养殖过程中需要做好控温、控水、勤观察和防病、治病等工作。

### 一、疾病防治策略

鱼类的健康养殖，需以防为主、以治为辅。做好以下几方面的措施有利于降低亚洲龙鱼的发病概率：

1. 保证水源清洁，无病菌、无寄生虫。需按养殖面积配置足够大的蓄水池或水箱等用以储存用水。强曝气后静止，加热至与养殖水同温或稍高后方可使用。

2. 养殖过程保持良好的水质、稳定的水温、充足的溶解氧量和适当的酸碱度，需定期监测这几个基本的水质指标，避免发生水质骤变，并保证氨氮、亚硝酸盐等有毒物浓度低于警戒线。

3. 保持养殖水温稳定并高于亚洲龙鱼需求的最低温度。水温急剧变化产生温差，这是导致亚洲龙鱼生病的重要原因之一。养殖过程中搬动鱼只必须经过缓慢的同温和兑水过程，避免产生过大应激而得病。

4. 喂食搭配需科学合理。目前，还没研发出效果良好的亚洲龙鱼人工饲料，淡水鱼、虾、蛙、昆虫类等仍是它们的主食。控制好饵料品种的搭配、喂食量和频率，以鱼虾为主，爬行类、昆虫类等为辅，尽量不喂活饵或活饵投喂前先消杀保证无病，保持鱼儿良好的体质。

5. 选种、配种时注意避免三代以内近亲繁殖。

6. 捕捉和搬运前后均需停食 2～3 d，操作后使用适当的药物以降低鱼应激反应并避免外伤可能导致的感染。

7. 新购进的鱼须先隔离检疫 14 d。

8. 发现病鱼须及时隔离治疗，并全系统常规消杀 2～3 次。

## 二、常用药物

**1. 聚维酮碘**

用途、用法用量等参见表 5 - 8。

**2. 戊二醛**

主要性质、用途、用法用量等参见表 5 - 19。

**3. 亚甲基蓝**

理化性质、用途、用法用量等参见表 5 - 10。

**4. 恩诺沙星**

理化性质、用途、用法用量等参见表 5 - 12。

**5. 氟苯尼考**

主要性质、用途、用法用量等参见表 5 - 11。

**6. 大蒜素**

主要性质、用途、用法用量等参见表 5 - 14。

**7. 其他药物**

海盐（主要成分氯化钠）是观赏鱼养殖中常用的一种治疗用品，有杀灭细菌、抑制真菌和寄生虫的作用，常用于鱼体消毒、辅助治疗、病后恢复等。预防性使用浓度为 0.1%～0.15%，治疗性使用浓度可为 0.3%～0.4%。

观赏鱼用药一定要符合所在地的规定和标准，如当地无观赏鱼用药标准，可对照采用水产用药的规定，或参考养殖水质标准及养殖尾水排放标准。从环境保护的角度看，不论观赏鱼还是食用鱼，养殖水体外排均不能把抗生素、难降解的渔药等带入公共水域，据此衍生出一个原则，即抗生素类药品不得外用，不得直接泼入水体。

## 三、主要常见病

亚洲龙鱼疾病不多，在此介绍几种较常见疾病的症状和防治方法。

### 1. 竖鳞病

【病原】竖鳞病又叫立鳞病、松鳞病、松球病，是一种很常见的细菌性鱼病。

【症状】患病鱼全身鳞囊发炎、鱼体肿胀积水（图 7-13）。鳞片几乎全部竖立，特别是身体中段。鳞片之间有明显缝隙而不像正常鱼的鳞片那样紧贴，整条鱼看上去比正常的鱼肥胖很多。竖鳞病更科学的称谓是鳞囊炎。

图 7-13　竖鳞、水肿的红龙鱼
（汪学杰摄）

【诊断方法】竖鳞病可以用肉眼诊断，凡是鱼全身的鳞片不紧贴身体、看上去鳞片之间有明显的缝隙，就可以确诊为竖鳞病。

【预防措施】

① 需要长途运输的鱼须停喂几天达到肠道清空方可打包运输。到埠后要进行体表消毒和炎症预防。

② 养殖期间应避免水温起伏过大。

③ 保持良好水质，避免氨氮、亚硝态氮超标。

④ 养殖系统每个月进行 1 次水体消毒，可用聚维酮碘或戊二醛等减半量预防性使用。

【治疗方法】

① 停喂，加温至 30～31 ℃。降低水位，0.3％～0.4％食盐水浸泡。每日吸底补水补相应量盐。注意增氧。浸泡过程要注意密切观察，发现异常随时换水稀释盐浓度。

② 碘制剂（包括季铵盐碘、聚维酮碘、络合碘等）泼洒水体，含有效碘1％的该药物使用剂量为 0.5～0.8 g/m³。隔天可再用 1 次。根据病情变化可连用 3～5 次。

③ 氟苯尼考（水产用）拌饲料投喂，药量按每千克鱼体 20 mg/d。

**2. 皮肤发炎充血病**

【病原】荧光假单胞菌等。

【症状】属于赤皮病的一种，症状与其他养殖鱼类的赤皮病基本相同，即身体表面，包括躯干、头部、尾柄各部位的表皮泛红、有血丝，严重时尾鳍基部严重充血，尾鳍血丝明显而且尾鳍末端腐烂。

【诊断方法】诊断方法主要是肉眼观察判断、镜检，再结合实验室细菌分离培养分析。

【预防措施】

① 搬运操作时尽量避免鱼体受伤，搬动后下预防感染用药。

② 保持良好水质。定期根据水体肥度冲一定量新鲜水；保持水体清澈透亮、不含氨氮等有毒物质。

③ 保持水体内有充足的溶解氧，养殖水体中溶解氧应不低于 5 mg/L。

④ 投喂要做到搭配合理、营养均衡，定期适量补充渔用多维和微量元素等添加剂。

⑤ 每个月泼洒一次水体消毒剂杀菌消毒，每次放入新鱼也进行 1 次水体消毒。可用聚维酮碘或戊二醛等减半量预防性使用。

【治疗方法】

① 全池（缸）泼洒渔用聚维酮碘，剂量为 0.5～0.8 mL/m³。隔天使用，可连用 3～5 次。

② 全池（缸）泼洒渔用戊二醛，剂量为 0.2～0.5 mL/m³。大换水后可重复使用。

③ 磺胺药拌饵料投喂，喂药量为每天每千克鱼 20～30 mg，连喂 7 d。

④ 恩诺沙星粉或诺氟沙星粉拌饵料投喂，每千克鱼每天喂药量（按净含药量计算）为 20～30 mg，连喂 4～5 d。

⑤ 以上①②之任一加③或④。

**3. 细菌性出血病**

【病原】嗜水气单胞菌等。

【症状】又称细菌性败血症。初期患病鱼游动异常，反应较慢，常浮游于水面，游动吃力，口腔、颌部、鳃盖、眼眶、鳍及身体两侧有轻度充血症状，继而充血情况加剧，眼眶充血、眼球突出、腹部鼓胀、肛门红肿、鳃部分坏死或灰白或淤红，病症遍及全身。

【诊断方法】肉眼观察、镜检及实验室细菌分离培养分析等。

【预防措施】可参考"皮肤发炎充血病"的预防方法，另外，发现病鱼隔离尤其重要。新鱼放养前必须进行鱼体消毒。

【治疗方法】要采用内外结合的办法，下列内服外用的方法可同时使用：

外用。全池泼洒药物进行水体和鱼体表面的消毒，所用药物及其终浓度是：戊二醛 0.2～0.5 mL/m³；甲醛 10～30 mL/m³；聚维酮碘 0.5～0.8 mL/m³。每天选用一种，隔天用药 1 次，可连用 3～5 次为一疗程。

内服。拌饵投喂，药物、剂量、疗程如下：诺氟沙星每天每千克鱼体重 20～30 mg，连用 3～5 d；氟苯尼考每天每千克体重 20～30 mg，连用 3～5 d。在拌制药饵时，按每天每千克鱼添加维生素 C 100 mg。

**4. 细菌性肠炎**

【病原】肠型点状气单胞菌。

【症状】病鱼食欲减退，离群独游，体色黯淡，呼吸急迫，严重时腹部膨胀、松鳞，肛门红肿突出，轻压腹部有黄色黏液或脓血从肛门流出。

【诊断方法】观察及解剖。腹腔内充满积液，肠道内无食物，有大量黄色黏液，有的肠道内有气泡，肠壁和胃壁明显充血。结合取样实验室细菌分离培养分析。

【预防措施】水质和食物不佳是主要病因。主要预防措施：一方面，注意饵料卫生，不投喂变质、腐败的食物，高温季节和繁殖季节适当控制投喂量，严防过饱；另一方面，定期换水，保持水质清新，定期泼洒药物杀菌，常用药物及达到的浓度见前文。

【治疗方法】用药物进行水体杀菌消毒，同时按以下方法之一内服药物：

① 大蒜素拌饲料投喂，剂量为每千克鱼体每天 5～20 g，连用 5 d。

② 恩诺沙星粉或诺氟沙星粉拌饵料投喂，喂药量（按净含药量计算）为每天每千克鱼体重 30 mg，连喂 4～5 d。

**5. 锚头鳋病**

【病原】锚头鳋。

【症状】体表、鳞片下、鳍基、吻部可见到发红发炎的病灶，虫体的头胸

部深入鱼皮下，腹部裸露在外，透明，长度
3～6 mm，粗细约 0.5 mm（图 7-14）。

【诊断方法】肉眼观察。

【预防措施】主要是在锚头鳋病高发的春
秋两季用渔用菊酯类杀虫剂连续消杀2～3次，
每次间隔 7 d。渔用菊酯类杀虫剂使用浓度
0.02～0.05 mL/m³，详情请查看说明书。龙
鱼苗孵化时应加入 0.02～0.03 mL/m³ 菊酯类
预防锚头鳋，因锚头鳋生长前期个头细小而透
明，肉眼难以发现，等到鱼体可见锚头鳋时消
耗已过大易造成死亡。

图 7-14 长锚头鳋的小鱼
（刘超摄）

【治疗方法】

① 泼洒渔用菊酯类杀虫剂 0.02～0.05 mL/m³，每周 1 次，连用 3 次。

② 福尔马林全水体泼洒，使池水药物浓度达到 20～30 mL/m³。

（文：刘超，图：祥龙鱼场阿玮、藏龙阁明哥、刘超、罗建仁、汪学杰）

# 第八章 CHAPTER 8

# 银龙鱼的健康养殖

银龙鱼健康养殖是指通过提供符合银龙鱼生物学习性的养殖设施、食物、环境条件，实现水资源重复利用，少耗水、少排污、少生病、少用药的一种养殖方式。

银龙鱼又名银带、双须骨舌鱼，学名 *Osteoglossum bicitthosum*，属骨舌鱼目 Osteoglossiformes、骨舌鱼亚目 Osteoglossidei、骨舌鱼科 Osteoglossidae、骨舌鱼属 *Osteoglossum*。

银龙鱼自然分布于南美洲亚马孙河流域，是全世界最普及的热带观赏鱼之一，是大型热带鱼中消费量最大的品种之一。东南亚尽管不是银龙鱼的原产地，但是由于气候、水质等环境条件与原产地很相似，在银龙鱼养殖方面具有自然条件的优势。亚洲是银龙鱼的主要消费市场，东南亚地区发展银龙鱼养殖具有临近市场的优势。还有一点，东南亚地区是亚洲龙鱼的故乡，而银龙鱼是亚洲龙鱼的近亲，其生活习性、繁殖和养殖技术与亚洲龙鱼很相似，因此东南亚地区养殖银龙鱼具有自然条件和技术的优势。

## 第一节 生物学特征与生活习性

银龙鱼（图 8-1）主要栖息在亚马孙河支流水网地带的灌木丛生区，或者河湾处漂浮性水草聚生的水域，这些地方水面开阔，水流和缓，覆盖着热带雨林或者漂浮植物，水生物种繁多，饵料资源丰富，水质在多数时候处于弱酸性软水的状态，水温23～28 ℃，季节性变化和昼夜温差均很小。银龙一般活动在水域的上层，主要以潜伏突袭的方式捕食昆虫、蜈蚣、小蛇等各种小型动物。

银龙鱼3龄达到性成熟，主要繁殖季节（从开始产卵到最后一批鱼苗孵出）是每年8月至翌年3月，当地此时为雨季。自然条件下初次繁殖个体体长

图 8-1 银龙中鱼群（Ⅰ）

达到 80 cm 以上，最大成年个体可达 120 cm。银龙鱼的雌雄个体没有明显的形态差异。每个生殖季节产卵 1～3 次，每次产卵量为 100～300 枚，卵径 8～10 mm。受精卵由雄鱼含在口中孵化，50～60 d 孵出鱼苗（图 8-2）。鱼苗刚离开雄鱼口腔时卵黄囊是饱满的，如水滴状，悬挂在腹鳍前面的腹部，鱼苗约 3 cm长（图 8-3），已能平游，此时雄鱼仍守在鱼苗旁进行保护，鱼苗尚未开口进食。之后鱼苗的卵黄渐被消耗，卵黄囊逐渐收缩，孵出后 3～4 d 鱼苗开始进食，卵黄被吸收完之后，卵黄囊收缩回体腔，此时鱼苗完全依赖外源营养，遂离开父亲自行觅食。鱼苗的食物是昆虫、水中的昆虫幼虫、小鱼、虾蟹幼体等。

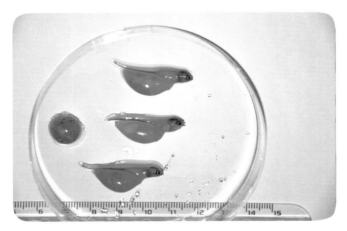

图 8-2 银龙卵和胚胎

图 8 - 3　刚开始平游的银龙鱼苗

# 第二节　设施设备

银龙鱼的商品规格主要有 3 种：带卵黄囊的鱼苗、10～15 cm 的幼鱼、30～40 cm 的中鱼，有繁殖能力的鱼场可能生产上述全部规格的商品，繁殖能力弱的鱼场一般只生产 30～40 cm 的中鱼（图 8 - 4），间或生产少量 50 cm 以上的大鱼。

图 8 - 4　银龙中鱼群（Ⅱ）

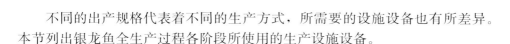

不同的出产规格代表着不同的生产方式，所需要的设施设备也有所差异。本节列出银龙鱼全生产过程各阶段所使用的生产设施设备。

## 一、养殖容器

银龙鱼的养殖容器包括池塘、小型水池、鱼缸等。

**1. 池塘**

银龙鱼养殖所用的池塘按用途可分为两种类型，一种是繁殖池，另一种是中鱼培育池。

繁殖池为长方形，长宽比（2～3）∶1，面积 200～400 m²，深度 2.5 m，蓄水深度 1.5～1.8 m，土质基底及塘堤，池堤坡度 1∶（1～1.5），池周边自然生长或人工种植挺水植物，如挺水植物无法生长则需养殖浮水植物（水浮莲等），覆盖池塘面积 1/10～1/5，池底设排水口，由排水管连接至净化处理池，进水口在水面上约 50 cm 位置。池与池之间的堤面宽度 3～10 m。

每 4～8 个繁殖池连接一个净化处理池，经过净化处理的水用水泵抽回繁殖池。繁殖池与养殖池的布局可参考图 8-5。

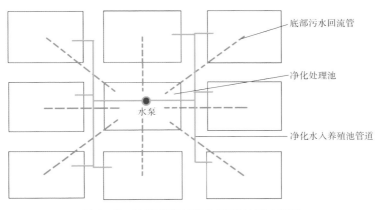

图 8-5 池塘养殖与净化系统布局示意图

中鱼培育池与繁殖池类似，而规格更大。池为长方形，长宽比（2～3）∶1，面积 500～2 000 m²，深度约 3 m，蓄水深度 2～2.5 m，土质基底及塘堤，池堤坡度 1∶（1～1.5），池周边有无水草均可，池底设排水口，由排水管连接至净化处理池，进水口在水面上约 50 cm 位置。池与池之间的堤面宽度 5～15 m。

每 2～4 个中鱼培育池连接一个净化处理池，二者蓄水量之比为（5～10）∶1，经过净化处理的水用水泵抽回中鱼培育池。

**2. 小型水池**

一般指池壁池底为硬质材料的小型落地水池，池体可以在地平面以下，也可在地平面以上，池的面积 2～100 m²，容积 2～200 m³。池的构建材料可采用钢筋混凝土、砖加水泥、玻璃钢（或称玻璃纤维板）、塑料、镀锌铁板等。

池的形状可为方形、圆形、椭圆形、圆角方形等。

20 m³ 及以上的大池宜采用单池净化系统，小于 20 m³ 的鱼池可采用多池共用净化系统。单池净化系统的构造可参考本书第五章，具体规格根据鱼场需要进行调整，鱼池深度一般 1～1.5 m。多池共用净化池的养殖系统，其养殖池与净化池的比例和布局可参考图 8-5。

**3. 鱼缸**

鱼缸包括孵化缸和鱼苗培育缸。

孵化缸为容积 100 L 左右的长方形玻璃缸，配备流水孵化碗及生化棉过滤器。

鱼苗培育缸为大型玻璃缸，长方形，长 1.5～2 m，宽 0.5～0.8 m，高 0.5～0.6 m。每个鱼缸设一个净化装置，可以是过滤间隔、壁挂式过滤器或上部过滤槽。

玻璃鱼缸可用钢材制的鱼缸架上叠放 2～3 层，以节省空间，提高空间利用率。放置玻璃缸的场所应有遮阴挡雨的屋顶，避免雨水造成水温、水质和水位的突然剧变，同时避免过于强烈的光照导致的包括水温骤然上升、鱼缸滋生藻类、强光直接伤害鱼体等诸多问题。

鱼缸集中于一个区域，该区域的周边应设一环沟，收集整个区域的地面排水，连接水处理池，对该区域的尾水进行处理。

## 二、水源及排水处理

**1. 水源处理**

银龙鱼养殖水源有地表水（河水、湖水、水库水等）、地下水（井水）及自来水等，水源处理设施根据水源类型而定。

如以自来水为水源，则只需蓄水池、充氧设备、抽水泵。蓄水池的容积应不小于使用自来水的日耗水量。一般只有用鱼缸孵化的胚胎和养殖的鱼苗才使用自来水。

如水源为井水，须先进行检测。首先要检测是否含有毒有害物质，不含超过养殖水标准的有害物质则具备作为养殖水的基本条件。然后检测硬度和 pH，如果硬度在 150 mg/L 以下、pH 6～7.5，则符合银龙鱼养殖水的要求，如同自来水一样处理即可；如硬度在 150 mg/L 以上、pH＞7.5，则需要采取技术手段降低硬度及 pH，具体的办法可以根据硬度和 pH 与标准值的差距选用，这些办法包括活性炭过滤、阳离子交换柱、逆渗透去离子、向水中添加磷酸二氢钠（$NaH_2PO_4$）、浸泡泥炭或榄仁叶等。

如果使用地表水，需要进行预处理，处理方法参考本书第五章。

**2. 排水处理**

池塘养殖如配套有循环净化系统，则一般无需向外排水，如确需排水，可将净化处理后经检测符合当地排放标准的水排出，然后将养殖池排放水纳入净化处理池或生态沟（参见本书第六章）。其他小型鱼池及鱼缸排放水的处理可参考本书第五章。

## 三、循环净化系统

不同的养殖水体类型有不同的水质净化方式。一般而言，池塘养殖模式的养殖密度适中时，通过调控藻类的密度，可以保证水质的稳定，即通过藻类实现氮循环，因此不必建设专门的水处理装置；但是一些地方因某些原因而采取高密度养殖方式，水体中每天增加的含氮化合物大大超过了池塘中藻类的吸收能力，藻相不能维持稳定的平衡，水质也趋向恶化，这样的情况下就有必要采取循环净化的方式。

**1. 池塘养殖模式的循环净化**

池塘循环净化大体也分两类，一类是单塘净化型，另一类是多塘共用型。

单塘净化型是指一个池塘单独配备一个净化系统，一般的做法是一个养殖塘的一端连接一个同样深度的净化塘，净化塘的面积一般为养殖塘的1/3～1/2，净化塘与养殖塘之间的塘堤两端各开一条明沟，一条用于养殖塘的水进入净化塘，另一条相反。其中一条明沟安装水泵或推水机带动水流，另一条无动力装置的明沟则要做更宽，利用水位差走水。净化塘内用帆布或彩条布设置导水墙，引导水流，以充分利用水体。在水流通道上设置生物浮床、悬挂生化棉等过滤材料。

也有不设专门的净化塘，而是在养殖塘内设生物浮床，面积为塘面的1/4～1/3。这种方式的净化效率比净化塘要差很多，但是比较方便。

多个池塘共用一套净化系统也是常见的净化方式，虽然这样会增加疾病传播的概率。目前常见的多塘共用型循环净化养殖系统也有两种基本的布局：一种如图8-5所示，多个池塘围绕着一个净化池；另一种是生态沟净化养殖系统，净化设施包括沟和池，沟是环绕在池塘外围的，具体布局可参阅本书第六章。

**2. 小池养殖模式的循环净化**

与池塘养殖模式类似，小池养殖模式的循环净化系统也分为单池循环型和多池共用型两种。

单池循环净化养殖系统的构造可参考本书第五章"金鱼的健康养殖"中的"自净化金鱼池"，但是水池的规格不宜完全仿效金鱼池，银龙鱼养殖池的深度以1～1.5 m为宜。

小池多池共用循环净化养殖系统与池塘类似，但是其净化池一般是硬底的，而且是在遮阴篷内的，其填充过滤材料的密度大于露天净化池，所以一般1个净化池可以承担6～12个养殖池的净化工作。为了减少疾病传播概率，通常在总回流水口或（和）总输出口设置紫外线杀菌灯。水流路径不光可以按导流板在同一水平面走，也可以用"翻墙式"结构使水流上下穿行。过滤材料最好有多种形式，这样净化效果更好。净化池的结构见图8-6。

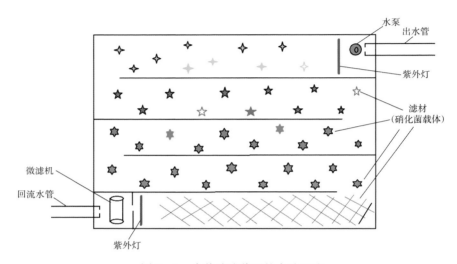

图8-6　多养殖池共用的水处理池

**3. 鱼缸养殖系统的循环净化**

鱼缸养殖系统的循环净化方式也是有单缸配备和多缸共用两种，可参阅本书第五章。

## 第三节　繁殖和孵化

使用本章第二节所述的繁殖池，雨季来临前放入成熟的银龙鱼，放养密度为每4～8 m² 1尾，放养的亲鱼要求无伤无病无畸形，全长≥60 cm（同池放养的规格相差不超过15 cm），年龄3～8龄，由于雌雄较难鉴别，最好一半体高较大的，一半体高较小的。

亲鱼入池后，每天投喂冰鲜饲料（鱼虾皆可）或颗粒饲料（针对已经习惯吃颗粒饲料的亲鱼）1餐，投喂时间以傍晚为好，投喂点每天保持一致，投喂量以没有剩饵为度，阴雨天减少投喂量。喂食时注意观察，晴好天气如发现鱼的食量减少，说明有鱼生病或者正含卵孵化，这时需要通过更加细致的观察进行判断。记录好食量明显减少的时间，以为确定下网捞苗时间提供依据。

下网的时机对银龙鱼的产苗效率有重要影响，若在受精后 15 d 内下网，则胚胎的人工孵化成活率较低，而如果鱼苗已经可以自由游泳了再拉网，则损失更大，所以在池塘群体繁殖的条件下，关键是第一次下网的时机要把握好，之后，每过 50～60 d 下一次网，这样取到适当发育阶段的苗的机会相对大些，因为不同的亲鱼产卵的时间是不同步的，只能从概率大小去考虑。

影响产苗效率的另一重要因素是技术，包括专门设计的工具。银龙鱼比亚洲龙鱼更容易吐卵（或胚胎），一旦卵或胚胎被吐出来，鱼的跳跃冲撞、网衣及淤泥的摩擦等都可能对胚胎造成致命的伤害，因此在拉网收卵时要注意：一是操作时不可喧闹，要尽量安静、缓慢地操作，二是尽可能不要让渔网拖带淤泥，三是使用较柔软的渔网，四是网收拢来之后先把亲鱼赶到一头，然后赶紧把吐出来的胚胎或苗捞走。

收集胚胎后，要根据它们的发育阶段采取不同的孵化、保护措施，不会动弹的胚胎，可放在碗里面，碗置于鱼缸，全部浸没在水中，用水泵或气泵带动水流，为胚胎供氧。

孵化时间较长、发育阶段较后的胚胎（也可称鱼苗），可以放在用柔软的网布做成的微型网箱内继续发育直至能水平游泳（图 8-7），网箱外面用气泵打气带动气流或直接

图 8-7 网箱中尚未水平游泳的银龙鱼苗

用微型潜水泵制造水流，以使网箱内的水能缓慢流动，不断给胚胎输送溶解氧。注意不能把气泵出气口或者水流直接对着网箱，造成过大的冲击对胚胎是很危险的。

# 第四节 鱼苗培育

银龙鱼苗开始水平游泳即宣告胚胎阶段完全结束，其是真正的鱼苗了。此时银龙鱼苗腹部中央悬挂着一个卵黄囊，形状如水滴，鱼苗尚未开口吃食，当卵黄囊明显瘪下去，并且往鱼的腹部内收，看上去里面的卵黄剩下不到 1/3 了，才开始摄食。银龙鱼的鱼苗阶段，通常是指从开始摄食到全长 15 cm 的阶段。

## 一、培育条件

开始时银龙鱼苗用前文所述鱼苗培育缸养殖，蓄清洁水 40～45 cm 深，安装 1～2 个气动过滤器，每个鱼缸备透气防跳缸盖 1 个。独立净化系统或共用循环净化系统均可，要保证每 2～4 h 鱼缸内的水被过滤一遍。

鱼缸进水后要检查水的硬度和 pH，硬度 100～150 mg/L、pH 6.0～7.0 为好，如果不符合要求，应在鱼苗进缸前调好。鱼苗进缸前调节水温至 26～28 ℃。

## 二、鱼苗的放养

鱼苗放养密度因养殖条件而异，主要影响因子是系统对鱼苗排泄物的净化处理的能力，即过滤系统的工作能力，以中等的净化条件和适中的换水率而言，鱼缸放养龙鱼苗密度为 500 尾/m³，这样的密度可以维持到鱼苗全长达 8 cm 时。

## 三、日常管理

水蚯蚓和血虫（摇蚊幼虫）都是银龙鱼苗合适的开口饵料，由于水蚯蚓比较容易获得而且价格便宜，目前都以它为银龙鱼开口饲料，但是水蚯蚓容易传播疾病，投喂前应该漂洗干净，而且要消毒处理。第一次喂食量大约为每 1 000 尾鱼苗 50 g 水蚯蚓，次日投喂 2 餐，每餐投喂量不变，待卵黄囊消失后每天仍然喂 2 餐，但投喂量应随鱼苗成长相应增加。投喂量是否适当以 10 min 是否恰好摄食完毕为判断标准，投喂量的参考值为：日粮（以水蚯蚓湿重计）＝鱼体总重×10％。

随着鱼苗成长，饲料的种类要进行调整，鱼苗规格 10 cm 左右时，可投喂鱼肉、虾肉、蝇蛆、大麦虫等，或者继续投喂血虫或水蚯蚓。

水质管理是日常管理中最重要的、占用劳动量最多的工作，首先应该确保对水质和水温的准确监测。水温应使用水银温度计测量，或用以水银温度计为标准调校好的电子温度仪监测，应使水温保持在 26～28 ℃。水质因子中最重要的是 pH、氨氮、亚硝态氮，这些指标应每天检测 1 次，以确定是否需要采取调控措施。

银龙鱼苗培育的主要水质指标是：pH 6.0～7.0，非离子氨（$NH_3$）≤0.02 mg/L，亚硝态氮（$NO_2^-$）≤0.01 mg/L。pH 是否符合要求不能仅看其数值，要结合补充水的情况进行判断，如果养殖缸的 pH 比补充水低 0.3 以上，即使在上述范围内，依然是不合格的，出现这种情况最好的解决办法是加大换水频率。

由于鱼苗养殖密度大，鱼苗的新陈代谢快，排泄以及呼吸产生的废物很

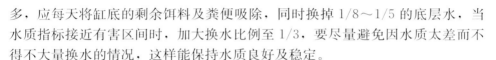

多，应每天将缸底的剩余饵料及粪便吸除，同时换掉 $1/8\sim1/5$ 的底层水，当水质指标接近有害区间时，加大换水比例至 $1/3$，要尽量避免因水质太差而不得不大量换水的情况，这样能保持水质良好及稳定。

鱼苗长至 8 cm 以后，仍可继续在鱼缸中养殖，也可以放入小型水池或池塘养殖。当鱼苗长大到 15 cm 左右，进入幼鱼养殖阶段。

# 第五节　幼鱼至中鱼阶段的养殖

这个阶段，池塘、小型水池、鱼缸三种养殖水池都可以用。

## 一、玻璃鱼缸养殖

鱼缸规格以长 200 cm×宽 60 cm×深 50 cm 为标准，略大亦可，采用循环净化方式，单缸内循环或多缸共用净化装置皆可。配套设施要求与鱼苗阶段相同。

每隔一段时间需要疏减养殖密度，否则鱼苗长不大，而且水质会崩溃。具体密度可参考表 8-1。

表 8-1　鱼缸养殖银龙鱼密度参考表

| 规格（cm） | 15 | 20 | 25 | 30 |
|---|---|---|---|---|
| 密度（尾/m³） | 150 | 100 | 60 | 40 |

每天投喂 2 餐。鱼苗规格 15 cm 左右，投喂饲料以鱼虾肉（包括适口的小型全鱼）为主，搭配蝇蛆或面包虫为辅；鱼苗规格 20 cm，可以开始尝试投喂人工配合饲料或新鲜鱼糜等。

每天投喂饲料后 $20\sim30$ min 开始吸污，吸除残饵及粪便；每 $3\sim7$ d 换水 1 次，每次换水量为鱼缸总水量的 $1/5\sim1/3$。

鱼缸一般只适合养殖 30 cm 以下规格的幼鱼，因为超过 30 cm 的银龙鱼在鱼缸中养殖效率较低，消耗的劳动量较大，形态及生长速度都会受空间胁迫的影响，而且规格越大在小型水体中打斗的情况越频繁，所以不提倡 30 cm 以上的银龙鱼仍在鱼缸中群养。

## 二、水池养殖

水池面积 10 m² 以上，水深 $1\sim1.5$ m，池内壁光滑，池四周加防跳围栏或池顶加盖网，配备气泵，平均 $2\sim3$ m² 一个出气头，配备单池型过滤器（无过滤器亦可），按每立方米水体 $10\sim20$ L 的比例配置过滤材料，按每小时循环

0.5～1 遍配置适当功率的水泵。养殖银龙鱼用的水池可以是室内的，也可以是室外的，关键是内壁必须光滑、水温能保持在适宜范围内、光照适度。室内池在温度控制方面较有利，但要注意适度光照，建议在白天保持 1 500～2 000 lx 的照明；室外池必须加盖遮阴网，这有利于保持光照和水温两方面的适度。

有循环净化系统的水池，其放养密度按鱼缸的 1/2 计算；无净化系统的水池，放养密度再减半。

投喂的食物主要是冰冻小鱼、小虾、浮性颗粒饲料，每日定时投喂 1～2 餐，投喂冰鲜时需完全解冻，投喂颗粒饲料则需先驯化，并选择适口、营养价值高的饲料，投喂量以 10 min 吃完为准。

每 3 d 吸污兼换水 1 次，换水量为 1/3～1/2，定时检测水体内氨氮（$NH_3$）和亚硝酸根（$NO_2^-$）浓度，一旦发现超标立即加大换水，并检查、排除过滤系统故障。

发现受伤或生病的鱼应及时捞出隔离，对病鱼及时诊断、医治。每个月泼洒聚维酮碘 1 次，药量为 0.3 g/$m^3$。

发现银龙鱼规格参差较大或养殖密度过高，应及时筛选和疏减。

### 三、池塘养殖

池塘要求见本章第二节。配备漩涡风泵及相应的送气管、气石，作为备用的增氧设备，在必要时使用，风泵的配套功率按每平方米水体计算，一般为 0.5 W/$m^2$。

放养密度是 1～2 尾/$m^2$，放养规格是 10 cm 以上，最好达到 15 cm 以上，同一池塘所放养的银龙鱼应尽可能规格一致。

首选饲料是浮性颗粒饲料，驯食最好在放塘前完成，如果放入池塘之前未驯化摄食颗粒饲料，入塘后也可驯化，但个体适应速度有差异，将导致规格差异逐渐拉大。每日早晚各投喂 1 餐，每餐以 10 min 吃完为度。投喂地点要固定，面积大的池塘应多设几个投喂点，每个投喂点设浮框以使饲料不会漫塘漂散。

养殖中期应注意观察水色、鱼情，如果水过肥，透明度不足 30 cm，应及时换水，水分蒸发导致水位下降，也应定期冲水。

池塘养殖的银龙鱼，出售前应移入小型水池定水 7 d 以上。

## 第六节　疾病防治

疾病防治的策略是以防为主、及时发现、及早隔离和治疗。

## 一、疾病预防

疾病预防的关键是做好以下四个方面的工作：

**1. 水质管理**

做好日常水质管理既是生长的需要，也是防病的要求。只要按照银龙鱼的生理要求，保证水质状况良好，使鱼在其中有舒适感，银龙就会少发细菌性疾病及体表寄生虫病，患病的危险就会极大地减少。要避免水质恶化，避免突然大量换水。

**2. 水温控制**

银龙养殖水温必须控制在 25～32 ℃，并且不能剧烈变化，超出这个范围鱼的健康就会受影响，严重时直接致死。所以要控制好水温，防止水温剧烈变化，避免蓄水池和养殖缸被暴晒、风吹雨淋。

**3. 营养及饲料卫生**

银龙是杂食性鱼类，对营养的需要是全方位的。必须保证饲料营养丰富、全面、均衡，以及适当的摄入量，才能保证鱼的体质。喂食要有规律，避免过饱或饥饿。

**4. 病原体侵入及交叉感染**

制作饲料时原料一定要新鲜干净，活饲料使用前要消毒，减少传入疾病的机会。各鱼缸之间必须保证养殖水及生产工具的隔离，尽量避免工具混用，共用工具用过之后消毒才能再用于另一水体（不同循环系统）。应确保多池共用循环系统的总回流水口或出水口的消毒装置有效运行。

## 二、疾病治疗

鱼类的疾病一般根据发病的原因分为几大类，主要是细菌性疾病、病毒性疾病、真菌性疾病、寄生虫性疾病、非病原性疾病等，下面我们主要根据病因分类，分别讲述主要疾病的应对、治疗措施。

### （一）细菌性疾病

病原为细菌的疾病称为细菌性疾病，分述如下：

**1. 竖鳞病**

【别名】又叫松鳞病、松球病，是一种很常见的细菌性鱼病。

【症状】竖鳞病患病鱼全身鳞囊发炎、肿胀积水，鳞片之间有明显缝隙而不像正常鱼的鳞片那样紧贴，严重时鳞片因此几乎竖立，整条鱼看上去比正常的鱼肥胖很多。非常严重时鳞片下积液带红色，似有脓血向外渗。竖鳞病更科学的称谓应该是鳞囊炎。

【发病规律及危害】没有季节性，发病率与鱼的规格无明显关系，发病与水温剧变、外伤、水质恶化有关，弱传染性。发病速度较快，不及时采取有效治疗措施的话，将有很高的死亡率。

【诊断】竖鳞病可以肉眼诊断，凡是鱼全身的鳞片不紧贴身体、看上去鳞片之间有明显的缝隙，就可以确诊为竖鳞病。关键点是，竖鳞是全身性的，其他的炎症可能造成局部鳞片松散，那不能算竖鳞病。

【病原和病因】病原为水型点状假单胞菌。病因是水温异常变化、水质恶化、外伤诱发感染等。

【治疗方法】发病初期，病情轻微，先将病鱼从群体中隔离出来单独放养于一缸，此鱼缸不使用过滤装置，将水温调整至 29～30 ℃，再用普通的体外杀菌方法治疗：碘制剂（包括季铵盐碘、聚维酮碘、络合碘等）泼洒水体，含有效碘 1% 的该药物的使用剂量为 0.5 g/m³，隔天再用 1 次。

如果病情严重，采用上述治疗方法 1 d 后未见好转，可采用下述办法：肌肉注射新链霉素或硫酸庆大霉素，剂量为每千克鱼体重注射 10 万 IU（用生理盐水 1 mL 配制）。之后采用体外杀菌方法继续常规治疗。

2. 肠炎

【症状】食欲不振，体色变暗，腹部膨胀，腹部鳞片松弛，肛门红肿，轻压腹部有脓状黏液流出，粪便水样或黏液状，鱼缸水白浊化。

【发病规律及危害】季节性不显著，春季稍多发。有较弱的传染性。饲喂冰冻饲料较易诱发。如不采取有效的治疗措施，从发病到死亡大约 1 周时间。

【病原和病因】肠炎的病原是肠型嗜水气单胞菌。发生肠炎的主要原因是食物不新鲜、食物不清洁、食物内有尖利物体刺伤肠胃、水温突然下降使食物长时间不能消化等。

【治疗方法】如果发现及时，银龙鱼仍能少量摄食，可用恩诺沙星或诺氟沙星拌料投喂，每天每千克鱼体重喂 20～50 mg，连喂 3 d，同时向水体泼洒如下消毒药物：络合碘或聚维酮碘 0.3～0.5 mL/m³（或按药物使用说明书标明的剂量），或者大蒜素 2 g/m³，或强氯精 0.3 g/m³。

如果病情严重到龙鱼已完全拒食，可用药液灌肠，用药量每天每千克鱼体重 100 mg。

3. 细菌性烂鳃

【症状】细菌性烂鳃病的症状主要有几个方面：①呼吸频率不正常，通常频率较高；②鱼体发黑失去光泽，头部尤其乌黑；③揭开鳃盖可见到鳃部黏液过多、鳃的末端有腐烂缺损、鳃部常挂淤泥；④病情严重时鳃盖"开天窗"，即鳃盖上的皮肤受破坏造成鳃盖中部透明。

【发病规律及危害】亚洲龙鱼较少发生，南美黑龙（黑带）较易发生，银龙也偶有发生。水质不佳的环境、高温较易引发此病。此病发生后发展速度较快，传染性较强，病鱼1～3 d死亡。

【诊断】肉眼观察有上述症状，特别是第③点可以作为充分的判断依据。

【治疗方法】最常用的药物治疗方法是以下几种（每一条是一个独立的处方）：

① 全缸（池）泼洒漂白粉1 g/m³，或二氧化氯或二氯异氰脲酸钠或三氯异氰脲酸0.2～0.3 g/m³，隔2 d再施用1次。

② 全缸（池）泼洒季铵盐碘，含有效碘1%的该药物的使用剂量为0.5 g/m³。

③ 全缸（池）泼洒聚维酮碘，含有效碘1%的该药物的使用剂量为0.5 g/m³。

4. 蚀鳞症

【症状】龙鱼鳞片后缘呈现剥落般渐渐溶蚀，逐渐造成鳞片大面积缺损，严重者病灶部位鳞片外已无表皮保护，鳞片几丁质直接暴露且碎裂，有时并发头皮腐蚀发白，类似皮肤病（图8-8）。

图8-8 患蚀鳞病的银龙鱼

【流行情况】幼鱼比成年鱼多见，群养比单养发病率更高，说明此病有一定传染性。

【病原病因】病原为细菌，具体种类尚无定论。发病原因是水质恶化，破坏了鳞片外表皮的免疫能力。

【预防措施】保持水质清新稳定且符合银龙鱼生长要求，对水的氨氮、亚硝酸盐、硝酸盐、导电率要定期检查，一旦超出适宜范围应立即换水，每有新鱼入缸应先进行鱼体消毒。每月用水下杀菌灯照射鱼缸（鱼在缸中自由游动）1次，每次5 min。

【治疗方法】换入清新的、符合龙鱼生长要求的水，水温控制在28～30 ℃，鱼缸内泼洒聚维酮碘或络合碘（剂量按照药物包装上的使用说明，如无明确说明一般可按照0.5 mL/m³剂量使用）。如果病灶范围不大，可同时在病灶部位涂抹医用碘酒。3 d后换掉1/3～1/2的水，再泼洒1次上述碘药。

在病变只涉及10枚以下的鳞片时，可以选择拔除坏鳞片的办法。拔除鳞片的手术操作很简单，将鱼麻醉后用镊子夹住鳞片往外拔即可。鳞片拔除手术结束后，用漂白粉或聚维酮碘等消毒剂进行水体消毒。

（二）真菌性疾病

银龙鱼的真菌性疾病有两种，一为水霉病，一为鳃霉病，这两种疾病大同小异，主要差别是发病部位不同，在此，一并作为水霉病介绍。

【症状】患病鱼体表，包括躯干和鳃部，出现一个或多个灰白色病灶，长出棉絮状菌丝，长度可达数毫米。病鱼身体发黑，焦躁不安。躯干部位病灶位置通常鳞片已经脱离。

【诊断】病灶处霉菌聚集，有时外观像白色黏液，但是霉菌是丝状的，有根深入肌肉，因此用镊子轻轻刮动病灶就可区分菌丝和黏液，不能被轻易刮掉的是霉菌，如果一刮就掉，那就不是霉菌。

【发病规律及危害】对银龙鱼来说关键是水温，水温低于 26 ℃才会发生，水温低于 23 ℃而鱼又有外伤的话，发生的概率就很高。非传染性。

【病原和病因】病原为水霉菌，这两种霉菌都是不分枝的丝状菌体，直径数十微米，而长度数毫米甚至可能达到 10 mm 以上。病灶部位往往菌丝密集，相连成片。病因常常是低温状态下外伤部位被水霉菌寄生。

【预防措施】保持 26 ℃以上的水温，避免银龙鱼因操作或鱼缸内坚硬物体造成外伤。

【治疗方法】一旦发病可将水温提高到 30～32 ℃，加食盐使水体的盐度达到 3，数日后霉菌即死亡脱落，此时可将水温保持在 28～30 ℃，并进行水体泼洒药物消毒。消毒药物和剂量可参考"肠炎"治疗方法部分。

### （三）寄生虫性疾病

寄生虫性疾病是指鱼受到了寄生虫侵袭，鱼类的寄生虫主要被分为蠕虫类寄生虫、甲壳类寄生虫等。

**1. 指环虫病**

【症状】患病鱼鳃部浮肿、颜色苍白、黏液增多以至于严重影响呼吸，贫血，游动缓慢无力，呼吸困难。

【诊断】肉眼观察鳃部，见鳃部浮肿、多黏液、颜色偏白，但没有淤泥状污物，从即将死亡的鱼体取一小块鳃在低倍显微镜或解剖镜下观察，可看到指环虫。

【发病规律和危害】指环虫病是影响和危害最大的蠕虫类鱼病之一，银龙鱼幼小时有受侵害的可能。

【预防措施】保持水质清新、清澈，避免水质恶化，特别是在银龙鱼还在群养的时候。保持 26 ℃以上的水温。

【治疗方法】首先把水温调到 28～30 ℃，然后按下列方法之一用药：

① 高锰酸钾 20 mg/L 浸泡 15～30 min。

② 氯氰菊酯 0.015 mL/m³ 全池泼洒，注意药物稀释后再泼，尽量不要接触到金属物品。

**2. 锚头鳋病**

【症状】患病鱼表现为焦躁不安、食欲不振、患处发炎充血、鱼体消瘦，鳍基、鳍、口角、躯干等部位有透明的大头针样的小虫挂在上面，虫寄生的部位皮肤和肌肉发炎充血，甚至有一些化脓，严重时一尾鱼身上寄生数百条，整尾鱼像全身挂满钉子，好像穿了一件蓑衣，所以此病又称"蓑衣病"。

【诊断】此病诊断只需肉眼观察即可。

【病原】锚头鳋是一种大型的寄生虫，属于甲壳类，虫体长度 5～8 mm，粗细 0.5～1 mm，肉眼可见。整体外观接近"T"形，头部两个额角扎入鱼体内，如倒刺一般使虫体固定在鱼身体表面，虫体透明，繁殖期的成虫尾部两侧悬挂两个浅绿色的卵囊。头部的口器深入肌肤吸食寄主的血液或体液，消耗寄主的营养并因破坏了寄主的皮肤而导致寄生部位发炎、感染细菌。

【发病规律和危害】此虫对寄主几乎没有选择性，只要是它接触到的淡水鱼都有机会寄生。主要发病季节是春季和初夏，但在温室内则没有季节性，发病率受水温的影响，水温低于 28 ℃时发病率要高些，水温在 30 ℃以上则不会出现新的寄生情况。对于一般的观赏鱼来说，危害主要是影响观赏价值，虫死了以后可能留下疤痕。

【预防措施】防止不干净的水混入鱼缸，特别是投喂活食时带进的水，新鱼入缸前须用高锰酸钾或盐水消毒。

【治疗方法】银龙鱼一旦发生锚头鳋寄生的情况，最好的办法是将鱼麻醉，然后用镊子夹住虫子靠近根部的位置拔掉它（离根太远会拔断虫子），所有的虫子都拔掉以后，向鱼缸里泼碘药或其他消毒剂消毒、消炎，防止寄生部位感染细菌发炎。另外，也可以用药物杀虫的办法治疗：

① 氯氰菊酯 10% 乳油全池泼洒，剂量 0.037 mL/m³，5 d 后再用 1 次。

② 溴氰菊酯 2.5% 乳油全池泼洒，剂量 0.015～0.03 mL/m³，5 d 后再用 1 次。

③ 晶体敌百虫全池泼洒，剂量 0.2～0.3 mL/m³，隔 5 d 再用 1 次。

杀虫完毕后将鱼缸的水全部换掉，加入消毒剂防止伤口感染。

（文/图：汪学杰）

# 鹦鹉鱼的健康养殖

鹦鹉鱼是丽鱼科观赏鱼紫红火口鱼和火鹤鱼杂交子一代的总称，其亲本紫红火口鱼（*Vieja synspila*）和火鹤鱼（*Amphilophus citrinellus*，又名红魔鬼鱼），通过正交反交等不同组合，产生了血鹦鹉鱼（*Vieja synspila* ♀ × *Amphilophus citrinellus* ♂）和金刚鹦鹉鱼（*Amphilophus citrinellus* ♀ × *Vieja synspila* ♂）、元宝鹦鹉鱼等品种。

鹦鹉鱼属于中大型热带鱼，生存水温 14～35 ℃，最适水温 26～30 ℃，杂食性，喜食人工颗粒饲料，生长速度较快，一般当年育成商品鱼。经过扬色处理的鹦鹉鱼体色鲜红，成群游动时具有很好的视觉效果，因此广受消费者青睐，从 1999 年问世以来长盛不衰。

## 第一节　生物学特性与生活习性

鹦鹉鱼是由来自南美洲的两种中大型慈鲷火鹤鱼和紫红火口（图 9-1）人为杂交产生的后代。因慈鲷具有较大的变异特性，所以火鹤鱼和紫红火口在分类上还有一些争议。俗称的火鹤鱼和紫红火口可能都不止一个物种，而可能有两种以上形态近似的种，因亲本的差异，鹦鹉鱼表现出极强的不确定性和多样性，于是就出现了血鹦鹉鱼、紫鹦鹉鱼、金刚鹦鹉鱼、罗汉鹦鹉鱼、红白鹦鹉鱼、斑马鹦鹉鱼、花鹦鹉鱼等多个品种。最常见的有三种：金刚鹦鹉鱼、血鹦鹉鱼和元宝鹦鹉鱼。

紫红火口，学名 *Vieja synspila*，又名粉红副尼丽鱼、红头丽体鱼，其同物异名包括 *Cichlasoma synspilum*、*Vieja synspillum*、*Paraneetroplus synspilus*、*Paraneetroplus synspila*、*Cichlaurus hicklingi*、*Cichlasoma hicklingi* 等，是一种大型慈鲷，体长可达 30 cm。口中位，口裂中等，额头稍隆起，因喉部至胸部鲜红如火，而称为"火口"。是血鹦鹉的母本、金刚鹦鹉

图 9 - 1　鹦鹉鱼的父母本

的父本。具有领地属性，有自卫性攻击行为。对水质环境适应性强，适宜水温 23～28 ℃、pH 6.5～7.5、中等硬度的水体环境。杂食性偏动物食性，雄性个体大于雌性，12～14 月龄性成熟，产卵于水底硬物表面，双亲有护卵护幼行为。

火鹤鱼学名 *Amphilophus citrinellus*，又名橘色双冠丽鱼，英文名 red devil cichlid，其同物异名可能包括 *Amphilophus labiatus*、*Amphilophus labiatum*、*Cichlasoma labiatum*、*Heros labiatus*、*Herichthys labiatus* 等。原产于中美洲的尼加拉瓜、哥斯达黎加等地。属大型慈鲷，体长可达 30 cm。头大，头顶上方生有一明显隆起的圆形肉瘤。体色多变，幼鱼常为灰黑色，随着长大体色逐渐变为黄褐、橙红到鲜红色，一些成鱼有大型的黑色斑点。性格粗暴。喜欢弱酸性软水，适宜水温 22～28 ℃，爱食动物性饵料。亲鱼 6～8 月龄性成熟，雄鱼头顶肉瘤较大，体色鲜红似火，雌鱼体色较淡。因其高高的额头像老寿星，在东南亚有人将龙鱼（福）、三间虎（禄）、火鹤（寿）共养一缸，称为"福禄寿"。

雄鹦鹉体色比较红，雌鹦鹉略淡，也容易变白；雄鹦鹉背鳍、臀鳍略尖长，有时能超过尾鳍，雌鹦鹉一般不超过尾鳍；雄鹦鹉比较好斗，起头的可能性略高，雌鹦鹉在产卵前也会突然起头；雄鹦鹉生殖孔部位比较平滑，突出部分很小，雌鹦鹉生殖孔部位突出较大，明显可见；雄鹦鹉腹部平滑，雌鹦鹉略膨胀，到邻近产卵时尤其如此。

鹦鹉鱼的另一特点是先天性的呼吸器官功能缺失，只有半套呼吸器官，呼吸功能比较脆弱。又因其嘴部无法合拢，进入鳃部的水流大减，明显影响鳃部的呼吸作用。因此，鳃部的呼吸作用成为其明显的致命伤，在呼吸方面比其他品种更显艰难。饲养血鹦鹉时需要比其他鱼类更充足的氧气和更优良的水质。一旦鳃部受伤或是吸取氧气的过程不顺畅，会直接影响血鹦鹉的生理健康。水中含氧量不足可能直接威胁血鹦鹉的生命。虽然氧气不足时，血鹦鹉不会马上全部死亡，但对环境的耐受力与病毒的抵抗力都会急剧降低。

鹦鹉鱼喜欢弱酸性且硬度较低的软水，对温度适应范围较广，在 20～30 ℃的水温中能自由生活，但又对温度相当敏感，在低水温和水温变动较大的情况下，容易产生应激反应而导致体色暗淡失去艳丽的光泽，甚至会出现黑纱。

血鹦鹉体形短圆，头小，吻端呈鹰嘴状下弯，口小，如兔嘴般分三瓣，无法完全闭合。幼时全身分布黑色素细胞，身体呈现灰色，全长 5 cm 后黑色素开始消退，褪色的早晚和速度有明显个体差异，也受环境影响。成年个体全长 12～15 cm，体表或无色或淡红色，经投喂富含增红成分的饲料可转为鲜红色，并长期保持。喜群游，喜摄食人工颗粒饲料，亦食动物性鲜活饲料。生存水温 13～35 ℃，最适宜水温 25～30 ℃，适宜 pH 6.0～7.5，适宜硬度 50～100 mg/L，最低溶解氧要求 3 mg/L。雄性血鹦鹉没有繁殖能力，雌性血鹦鹉具有生育能力，因此血鹦鹉鱼不能繁殖出子二代，但雌性血鹦鹉可以与罗汉、红魔鬼、紫红火口等慈鲷的雄性鱼进行杂交，并繁育后代。

## 第二节　品系划分及特征

鹦鹉鱼具体种类如下：

### 一、血鹦鹉鱼

血鹦鹉（图 9-2）是鹦鹉鱼中较普通的一种，头背结合部位凹陷，嘴短、下唇内收不能完全闭拢，"T"字形嘴或三角嘴，身体短圆。因吻部形态与鹦鹉相似而得名。成年个体全长 12～15 cm。

图 9-2　血鹦鹉鱼

## 二、金刚鹦鹉鱼

金刚鹦鹉鱼（图9-3）是血鹦鹉鱼亲本反交的子代，父本为紫红火口鱼，母本为红魔鬼鱼。金刚鹦鹉体形较长，体色呈橘红色，背鳍和臀鳍较短，体形较类似红魔鬼，成年身长达30 cm，体重达1 kg，头顶有肉瘤隆起，嘴巴呈三角形，下巴较凸。寿命8年左右。

图9-3　金刚鹦鹉鱼

金刚鹦鹉鱼和血鹦鹉鱼的区别有以下几点：第一是嘴形，从正面观察，血鹦鹉鱼一般是"T"字形、月牙形、三角形，不能完全闭合，金刚鹦鹉鱼是正常的一字嘴形。但是不能以嘴形作为区分两种鹦鹉鱼的唯一标准。第二是头背部的形状，血鹦鹉鱼从眼睛正上方看头背交接部位一般是凹陷下去的，而金刚鹦鹉鱼是突起的，成年金刚鹦鹉鱼一般明显起头。第三是身形，标准血鹦鹉身材短圆，金刚鹦鹉略偏长、扁。第四是大小，一般血鹦鹉12～15 cm，金刚鹦鹉可以达到25 cm以上，体重可达1 kg，生长也比血鹦鹉更迅速。第五是性情，金刚鹦鹉比普通鹦鹉更凶猛好斗。

## 三、元宝鹦鹉鱼（红元宝）

元宝鹦鹉鱼（图9-4）的特征：体圆形，侧扁，体长/体高＝1.0～1.1，头背部交接部位不像普通鹦鹉鱼那样凹陷很多，而是以比较圆滑的弧线直接过渡下来。头很小，前背部浑圆隆起，自头部延伸到前背部稍有凹陷。嘴部呈"T"字形、月牙形或三角形。全身红色，无黑色色斑。

图9-4　元宝鹦鹉鱼

## 四、财神鹦鹉鱼

又名红财神、财神鱼，是鲜红而硕圆的大型改良慈鲷品种，财神鹦鹉鱼额头高高耸起，就像是财神爷所戴的帽子，正是这个原因，它被冠上了"财神"的称号。体椭圆形，体形似金鱼。头部鲜红色，头顶有少许肉瘤。体呈粉红色或血红色，体态丰满，满身透着红宝石般的光泽。

## 五、罗汉鹦鹉鱼（麒麟鹦鹉鱼）

罗汉鱼与红魔鬼鱼杂交而成，习性与罗汉鱼、鹦鹉鱼都相近，性格温和能混养，不好打架，罗汉鹦鹉鱼继承了罗汉鱼的亮鳞片和墨迹，外观漂亮，还因杂交具有鹦鹉的头形和体形，故命名罗汉鹦鹉鱼（图9-5）。本身能繁殖，市场上所售已是数代繁殖后形成的固定品系。

图9-5　罗汉鹦鹉鱼

## 六、红白鹦鹉鱼

红白鹦鹉鱼继承了红白花魔鬼鱼的基因，体色红白掺杂，上品的红白鹦鹉鱼除了体形的要求外，体色要求红白分明、边界清晰，最好分布有特点，如白头翁、丹顶等。如果红白互相渗透、颜色不分明则是下品。

## 七、雪鹦鹉鱼（白玉鹦鹉鱼）

身体呈扁圆形，乳白色，眼圈和两鳃呈黄色，相貌颇为漂亮。是红白鹦鹉鱼的变种，幼鱼是红白花的，后来红色慢慢退掉变成了纯白色，只是眼睛外圈有一条红线，很有特色。只要看过鹦鹉鱼种类图片的人，绝对对其记忆犹新。

## 第三节　健康养殖（以血鹦鹉为例）

　　观赏鱼的养殖模式一般可分为全生活史养殖和阶段养殖两种。所谓全生活史养殖，是指一个养殖场完成某种观赏鱼生活史的全部过程，周而复始，循环往复，鱼苗养大后，出售一部分，培养一部分亲鱼，然后繁殖，培养鱼苗，回到商品鱼养殖的起点。而阶段养殖则是有专门的繁殖场出售鱼苗给其他养殖场，购入鱼苗的养殖场养成更大规格的鱼种或直接养成商品鱼，繁殖场只生产鱼苗，并不自己生产商品鱼。鹦鹉鱼的养殖一般采用阶段养殖模式，下面介绍从鱼苗养成商品鱼的健康养殖技术。

　　血鹦鹉的生产方式有缸养、水泥池养、池塘养殖三种，鱼缸一般用于繁殖和鱼苗培育，当鱼苗长大至全长 2 cm 时，可称为"鱼种"，实际上它是鹦鹉鱼繁殖场的"商品鱼"，这个规格是常见的出售给商品鱼养殖场的规格。早期鹦鹉鱼商品鱼生产的主要方式是水泥池，而后中国首创池塘养殖模式，该模式具有生产效率高、规模大、产品质量好的特点，有利于集约化生产，因而已成为鹦鹉鱼商品鱼生产的主要形式。

### 一、环境与设施

**1. 养殖设施条件**

血鹦鹉的养殖设施条件见表 9 - 1 和图 9 - 6。

表 9 - 1　血鹦鹉养殖设施

| 类别 | | 规　格 | | | 容器类型 | 配套设施 |
|---|---|---|---|---|---|---|
| | | 长（cm） | 宽（cm） | 深（cm） | | |
| 室内 | 苗种培育缸 | 50～65 | 40～50 | 40～50 | 玻璃缸 | 增氧泵、光照、循环净化系统 |
| | 商品鱼养殖池 | 500～600 | 500～600 | 80～120 | 水泥池 | |
| 室外 | 亲鱼培育池 | 1 500～2 000 | 2 000～3 000 | 120～180 | 池塘 | 给排水分设，增氧设备按每公顷配置 15 kW 左右，配套水处理系统 |
| | 商品鱼养殖池 | 3 000～10 000 | 2 000～5 000 | 150～200 | 池塘 | |

**2. 养殖设施布局与水体循环净化**

　　水泥池可采用单池循环净化养殖系统，其结构可参考本书第五章"金鱼的健康养殖"的自净化金鱼池，池的具体尺寸根据养殖场需要调整。

图 9-6　鹦鹉鱼养殖池

以池塘为主的养殖场，池塘与水体循环系统的布局可参考本书第六章"锦鲤的健康养殖"的锦鲤生态沟净化养殖系统。

通过循环净化实现养殖水重复利用的方式，是健康养殖和生态养殖的关键内容，这种养殖方式，减少了对水资源的消耗，优化了水质，为鱼提供了更舒适的生存环境，符合健康、环保的理念。

**3. 清塘消毒**

室内养殖设施：放鱼前对养殖设施进行清理，在鱼入池或缸前 15 d 左右用 15～20 mg/L 高锰酸钾泼洒消毒，30 min 后用清水冲净。

池塘：放鱼前对池塘进行修整、清淤。池塘保留 15～20 cm 水位，鱼苗放养前 7～15 d，按照每 1 000 m² 用漂白粉（含有效氯 28% 以上）5～10 kg，水发后趁热匀浆泼洒。2 d 后加满池水，进水口用 40 目以上滤网过滤，防止野杂鱼混入池塘。清塘还可以使用其他药物如二氧化氯、茶麸等，如用茶麸清塘，没有消毒作用，但毒杀野杂鱼的效果很好，而且茶麸肥水作用相当优异，培育出的水油绿透亮，再者，由于藻类数量适度，有助于水域环境的自然净化，有利于水质的稳定，亦符合血鹦鹉池塘养殖要求。不主张用生石灰清塘消毒，因为鹦鹉鱼不喜欢碱性水质。

## 二、养殖管理

**1. 投放鱼种**

土质池塘投放全长 2 cm 左右的鱼种 15～25 尾/m²，并搭配相当于鹦鹉鱼数量 5% 左右的滤食性鱼类，例如中国的鲢（silver carp）、鳙（big head），或养殖场当地的滤食性鱼类，也可混养规格相近的丝足鲈，数量为鹦鹉鱼苗的 1/3 或等量，两种鱼苗的总量按 15～25 尾/m² 投放。水泥池放养密度可比土池高 50% 左右，混养丝足鲈或不混养其他鱼类。

鱼种下塘前应进行鱼体消毒，建议用 3% 的食盐水浸浴 5～8 min，或用 5 mg/L 聚维酮碘浸浴 10 min。

**2. 饲养管理**

经过驯食的鱼种可以直接投喂颗粒饲料，全长 2～3 cm 的幼鱼用 0♯ 浮性鱼苗料，粒径≤1.5 mm，蛋白质含量≥40%，在池塘南北面各搭建边长 4～6 m 的四方形浮性饲料架 1 个，饲料架浮出高度至少要 3 cm。开始 2～3 d 投喂不计数量，投放少量饲料入饲料架并时刻注意补充，保证整个白天饲料架内都有饲料，经过 2～3 d 小鱼已经习惯在饲料架内或附近寻找食物了，这时改为定时投喂，每天喂 2～3 餐，喂食时间一般为 8:00、14:00 和 18:00，夏季水体表层温度高于 32 ℃ 时定为每日 8:00、18:00 各一餐。全长 4 cm 以上时用 1♯ 浮性鱼饲料，粒径≤2.0 mm，蛋白质含量≥38%，定时投喂。随着鱼体进一步成长，饲料的粒径应适当调整，保持适口，而饲料的营养价值不应随鱼体成长而大幅度下降。每餐、每天的投喂数量，以定量为好，同时也应该根据天气、水温、鱼的成长进行调整，而不能绝对化。

正常天气条件下以鱼吃饱而又不浪费为原则，把握的方法是投喂预计数量的 60%，观察从开始摄食至摄食完毕或停止摄食的时间，如果 15 min 内已摄食完，说明还应增加，如果 30 min 后还有饲料漂浮说明已过量，即使其仍未停止摄食，下次也应该减少投喂数量。

血鹦鹉耐低氧能力差，但是由于个体小，池塘养殖密度不大，而且活动不剧烈，所以耗氧量并不大。池塘的增氧机主要是用于应急的，如果水色良好，气候条件比较正常，一般白天不需要开机增氧，但是应该以连续的每天凌晨巡塘观察没有发生浮头为基本保证，如果天闷、阴雨或夏日温度过高，应该在每天夜间开机增氧，以避免突发性损失。

**3. 水质调控**

水质调控的目的是防止水体酸化以及氮化合物对鱼的毒害。一般而言，当水体保持油绿色而透明度在 35～40 cm 时，在这两方面都不会出现异常，水质偏酸可能导致透明度过高，继而因水体藻类数量偏低而影响氮循环，因此虽然血鹦鹉并不直接摄食藻类，保持适中肥度同样重要。

采用生态沟水体循环池塘养殖系统，通过循环净化，一般可保持水体藻相平衡，酸碱度稳定。通过调整控制水体循环率，一般在每天循环 1 遍的循环率水平上，池塘藻相可以实现上述平衡。每周检查一次水质，如果水质趋向富营养化、透明度下降到 30 cm 以下，说明循环率需要提高；如果 pH 有下降的趋势，应检查投喂饲料是否过量，以及池塘底泥是否偏酸，根据检查结果，采取针对性措施。在各种方法无效的情况下，最好的方式还是加入新水。

第四节 病害防治

## 一、疾病防治策略

鹦鹉鱼疾病防治的策略是以防为主，以治为辅。尽可能避免疾病发生，一旦发生，要严格控制、隔离，避免传染、扩散。从健康养殖、保护环境的角度出发，一旦发生疾病，在疾病治疗时应做到：少用药、不用危害环境的药。

要减少发病率，主要是要做好以下各方面的措施：

1. 确保水源清洁，无病菌和寄生虫；

2. 保持良好水质，保持足够的溶解氧量、适当的酸碱度、低于警戒线的氨氮和亚硝酸盐浓度；

3. 保持水温水质稳定，避免水温水质骤变，新进的鱼要慢慢过水，使鱼有较长的时间适应水温和水质的变化，避免应激反应；

4. 科学喂养，饲料力求营养丰富，各种营养元素均衡，全面满足鹦鹉鱼的营养需求，保证鹦鹉鱼的体质；

5. 池之间尽量避免过水串水，采用共用净化系统时应在回流水进入水处理池的总水口设消毒装置，杀灭病原体，防止交叉感染；

6. 捕捉和搬运时避免损伤鱼体，避免因外伤诱发细菌感染；

7. 购买来的鱼苗要先消毒才放池、尽量不混养不同来源的鱼。

## 二、常见疾病及其防治方法

**1. 小瓜虫病**

【病原】小瓜虫。

【症状】初期，胸鳍、背鳍、尾鳍和体表皮肤均有白点散布，病鱼虽照常觅食，但常聚集在鱼缸的角上互相挤擦。几天后白点布满全身，病鱼常呆滞状浮在水面。

【预防措施】避免水温过低，保持水温在 23 ℃以上。

【治疗方法】提高水温至 28 ℃，加入食盐，使食盐浓度达到 0.5%，数天后小瓜虫即可破裂脱落。

**2. 鳔囊炎**

【病原】多种细菌。

【症状】鱼的腹部膨胀，失去垂直平衡能力，腹部朝上漂浮于水面而无法翻转或下潜，仍能进食，病症维持数十日乃至数月而亡。丽鱼科的鱼类没有独立的鳔囊，其腹部内隔膜将腹腔上部隔离成一个气腔，功能如同鳔囊。气腔隔膜或隔膜内的其他组织比如肌肉、肾脏的炎症，可能导致气腔充气并影响隔膜的功能，造成鱼体失去平衡、无法下潜。

【预防措施】保持水质清洁、溶解氧充足。

【治疗方法】治疗鳔囊炎的关键是消除腹腔的炎症，难点是消炎药物难以送达病灶部位。外用药受鱼体皮肤、肌肉的阻隔难以对身体中心部位产生作用，而隔膜血管很少，肌肉注射的药物也难以到达。唯一有效的办法是将鱼移入鱼缸中，直接注射药物至腹隔膜上的空腔，同时在腹鳍悬挂坠物，使鱼身体顺过来避免加重腹隔膜的疲劳，数日后可消除炎症，解除坠物。

**3. 烫尾病（烧尾病）**

【病原】多种细菌。

【症状】鱼的尾鳍边缘变白，有小范围的糜烂，而且像被从边缘融化了那样，尾鳍变短了一些。烫尾病发生的原因是水温过高或 pH 急剧变化，造成尾鳍微循环被破坏继而表皮细胞坏死、自溶，引起细菌感染。

【预防措施】避免水温过高的情况出现。高温季节，阳光照射下池塘或水泥池内水会出现不同温层，表层水温度很高，有时甚至达到 40 ℃以上，而稍微深一点，即在水的透明度 2 倍的深度，是温跃层，这一层厚度不大，但上下温差较大，在温跃层之下是恒温层，此层温度相对恒定，即使表层水达到 40 ℃，此处的水温也仅 25 ℃左右。池塘的深度一般都在透明度的 2 倍以上，所以会有恒温层存在，要防止烫尾病，主要是避免在表层水温度最高时喂食，即夏季午后 12:00—17:00 不可喂食，以免将躲避于恒温层的鱼引诱至高温的表层。水泥池由于透明度比较大，一般不存在恒温层，避免水温过高的主要手段是加盖遮阴网。

【治疗方法】首先是控制水温，避免让患病鱼处在 32 ℃以上的水体，同时以药物浸泡鱼体，消炎后鱼的尾鳍会慢慢长到正常的长度。

**4. 水霉病**

【病原】水霉菌。

【症状】鱼体长"白毛"，随着病情发展，患处肌肉腐烂，病鱼食欲减退，最终死亡。

【治疗方法】用 3% 的食盐水浸泡病鱼，每天 1 次，每次 5～10 min。或用 20 mg/L 高锰酸钾溶液加 1% 食盐水浸泡病鱼 20～30 min，每天 1 次。

（文：宋红梅，图：汪学杰）

# 第十章 CHAPTER 10

# 七彩神仙鱼的健康养殖

　　健康养殖是通过提供符合鱼类生物学习性的养殖设施、食物、水质水温等条件，实现水资源重复利用，少耗水、少排污、少生病、少用药的一种养殖方式。

　　七彩神仙鱼属鲈形目 Perciformes、丽鱼科 Cichlidae（观赏鱼界称之为慈鲷科）、盘丽鱼属 $Symphyodon$，包含两个种，分别为黑格尔盘丽鱼（$S. discus$）与五彩盘丽鱼（$S. aequifasciata$）。是世界上普及程度最高的热带观赏鱼之一。

　　七彩神仙鱼共有 5 个亚种，其中黑格尔盘丽鱼有 2 个亚种，即黑格尔七彩（$S. discus$ Hekel）和威利史瓦滋黑格尔七彩（$S. discus willschwartzi$ Burgess，1981）；五彩盘丽鱼则包含 3 个亚种：棕七彩神仙鱼（$S. aequifasciata axelrodi$ Schultz，1960）（图 10 - 1）、绿七彩神仙鱼（$S. aequifasciata aequifasciata$ Pellegrin，1904）和蓝七彩神仙鱼（$S. aequifasciata haraldi$ Schultz，1960）。

图 10 - 1　野生棕七彩

　　七彩神仙鱼原产地为南美洲的亚马孙河流域。不同亚种分布区域不同：黑格尔七彩分布于尼格罗河（又称黑水河）；棕七彩神仙鱼分布于阿莲卡河、伊撒河等水域；绿七彩神仙鱼分布于秘鲁的普图马优河至亚马孙河中游的泰飞河；蓝七彩神仙鱼分布于亚马孙河流域的圣塔伦至累提西亚区域。

　　东南亚大部分地区气候条件与亚马孙河流域类似，水质与亚马孙河流域相近，开展七彩神仙养殖具有自然条件的优势，正因为如此，从 20 世纪 90 年代起，东南亚地区一直是七彩神仙鱼的重要产地，并且为世界七彩神仙鱼人工品种培育作出了重要贡献。

# 第一节　生物学特征与生活习性

## 一、形态特征

体形如铁饼，头小，眼中等，口小，端位，胸鳍第一鳍条稍延长。鳞片细小，侧线中断，身体常被黑色栋纹，栋纹的特征是亚种和自然种群重要的分类依据。颜色条纹斑块多样，随亚种或品种的不同、分布地区的差异而呈现不同色彩，常见的色彩有红、棕、蓝、黑、黄、绿，人工培育的品种还呈现不同的纹路和色斑色点，并且主要以体色、斑纹和色点作为品种划分的依据。常见的人工品种有鸽子系、蛇纹系、豹纹系（图 10 - 2）、松石系（红松石、蓝松石见图 10 - 3）、全色系（全红见图 10 - 4、天子蓝见图 10 - 5）等。该鱼成年个体全长 15～28 cm，雌雄同形，野生个体大而人工品种个体稍小。

图 10 - 2　豹蛇七彩神仙

图 10 - 3　蓝松石七彩神仙

图 10 - 4　全红七彩神仙

图 10 - 5　一群天子蓝

133

## 二、生物学特性

野生七彩神仙鱼生活在亚马孙河流域热带雨林间的浅水区，适宜水温26～28 ℃（人工品种 26～30 ℃），适宜水质：总硬度 40～100 mg/L，酸碱度（pH）4.5～6.5（人工品种 pH 6.0～7.0），盐度 0～0.3，溶解氧量不低于3 mg/L。杂食性偏动物食性，主要摄食小型的昆虫、浮游动物、底栖动物、植物果实、种子、嫩芽等。生长非匀速，大致分 3 个阶段：出膜至全长 6 cm 左右生长快，仅需 60 d 左右；全长 6～10 cm 生长速度慢，约需 150 d；全长 11 cm 以后生长较为迅速，成长到全长 18 cm 左右耗时 80～90 d。

雌雄形态相同，12～14 月龄性成熟，一雌一雄自行配对，配对后一般终生不更换配偶，一年多次产卵，每次产卵量 200～500 枚，产卵于水下的石块或树木等坚硬物体较为光滑的表面，产卵后雌雄亲鱼共同守护受精卵，轮流用胸鳍划水为受精卵增氧，鱼苗出膜后吸附于亲鱼躯干表面，吸食亲鱼分泌的体表黏液 1～2 周，生长至全长 1 cm 左右开始摄食浮游动物，长到全长约 2 cm 后主动离开亲鱼，稚鱼集群觅食。

## 第二节　设施设备

主要包括养殖容器、进排水处理设备、循环净化系统、增氧系统、饲料加工及贮存设备等。

### 一、养殖容器

主要为玻璃缸和鱼池。不同生命阶段的七彩神仙鱼需要不同的养殖容器。从脱离母体到全长 1.5 cm 的稚鱼，用容积 10～30 L 的方形玻璃缸，配备生化棉过滤器；全长 1.5～5 cm 的幼鱼用容积 100 L 左右的长方形玻璃缸，配备循环净化系统；全长 5～11 cm 的中鱼用容积 200 L 以上的长方形玻璃缸，或面积 1～10 m²、深度 50～70 cm 的塑料或玻璃纤维水池，配备循环净化系统；群体配种缸为面积 0.8～1.5 m²、深度 50～70 cm 的长方形玻璃缸，配备循环净化系统；繁殖兼孵化缸为容积 100 L 左右的长方形玻璃缸，配备生化棉过滤器。

### 二、水源处理设备

根据水源而定，如以自来水为水源，则只需蓄水池、连接气泵的气石、抽水泵。蓄水池的容积应不小于养殖场日耗水量。

如水源为井水，须先进行检测。首先要检测是否含有毒有害物质，不含超过养殖水标准的有害物质则具备作为养殖水的基本条件。然后检测硬度和pH，如果硬度在 100 mg/L 以下、pH 6～7，则符合七彩神仙养殖水的要求，如同自来水一样处理即可；如硬度在 100 mg/L 以上、pH＞7，则需要采取技术手段降低硬度及 pH，具体的办法可以根据硬度和 pH 与标准值的差距、养殖场方便使用的设备、对相关技术的掌握程度而定，这些办法包括向水中添加二氧化碳（$CO_2$）、活性炭过滤、阳离子交换柱、逆渗透去离子等。

如果使用地表水，比如河水、湖水、水库水、收集雨水等，一般需要至少二级处理，第一级是杀菌（可以用氯制剂或紫外线照射），第二级是过滤和水质调节。

### 三、排水处理

又称尾水处理，是指在养殖尾水排向公共水体前进行处理，使养殖排放水不携带或少携带对公共水域环境有害的物质，从而避免对自然水体产生破坏，这是人类与自然环境和谐共处、人类文明实现可持续发展的基本要求的一个方面。

如果鱼场有生态沟等水体循环净化系统，不向外排放尾水，就不必建设专门的排水处理设施，实际上，生态沟就是尾水处理设施，通过生态沟，养殖排放水经过处理后被重新用于养殖，得到重复利用。如果鱼场没有类似生态沟这样的大型水体循环净化设施，则必须建立尾水处理设施，以保证外排水符合当地尾水排放标准。

尾水处理一般设两级处理池，第一级为杀菌和沉淀，第二级为过滤及吸附，如果当地对排放水的要求很高，或许第二级还需要做生物净化。

### 四、循环净化系统

循环净化系统对于七彩神仙鱼的养殖是不可或缺的，同时也是减少水资源消耗、减少尾水排放、实现可持续健康养殖的关键。

七彩神仙鱼养殖常用的循环净化系统包括单缸配备和多缸共用两种。单缸配备的过滤系统就是一个鱼缸配一个过滤槽，过滤槽的第一级为高密度纤维棉，第二级为活性炭，第三级为微孔生化石。用一个小型潜水泵带动水体流动，保证水流依次从这三级过滤材料经过。多缸共用净化系统（图 10 - 6）与单缸型的基本构成是一样的，不过一般要在总回流水口装一个紫外线杀菌灯，杀死病菌，防止不同鱼缸之间病菌交叉感染。另外，如果空间较大，还可以用微滤机交叉第一级过滤。

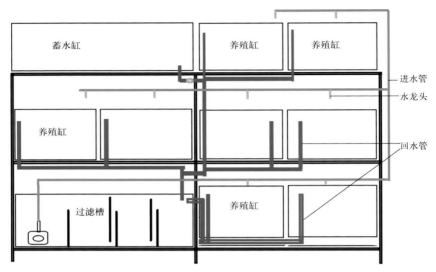

图 10 - 6　多缸循环养殖系统

## 第三节　养殖管理

### 一、繁殖期

七彩神仙鱼后备亲鱼培养缸一般兼作配对缸，一般要求长度 1.2 m 以上，宽度 0.45 m 以上，可蓄水深度 0.4～0.5 m。放鱼前按下列要求准备：安放气动式生化棉过滤器 2 只，产卵板或筒 1～2 只，放入清洁的水 40～50 cm 深，并调节水温至 28～29 ℃、pH 6.0～7.0、水硬度至 6°以下。

选留健康（体表有光泽、胃口好）、体形好（无明显缺陷且侧面观接近圆形，同样体长的鱼越高越好）、个体中等偏大（同一批鱼比较）、年龄适中（已成熟的不要）的个体作为后备亲鱼，按照放养鱼的全长之和（以 cm 为单位）不大于鱼缸容量（以 L 为单位）、雌雄等量的要求放养。

日投喂 3～4 次，每餐投喂量控制在 10 min 吃完，投喂的饲料以"牛心汉堡"为主、血虫为辅。此阶段的"牛心汉堡"应该比中鱼阶段营养价值更高，而且应该适量增加维生素，特别是维生素 E 和维生素 B。

每天检查循环净化系统、增氧设备是否正常工作，水质是否符合以下要求：pH 5.5～6.5、水硬度≤60 mg/L、$NO_2^-$≤0.01 mg/L、$NO_3^-$≤0.1 mg/L、

$NH_3 \leqslant 0.01$ mg/L、不含其他有害物质、溶解氧$\geqslant 5$ mg/L。如不能达到上述要求，应及时采取相应措施。

后备亲鱼入配种缸后，每天观察自行配对情况，发现稳定配对的，及时移入繁殖缸。繁殖缸规格一般为 45 cm×45 cm×45 cm，长宽加大些许亦可。缸内配置一个中号气动生化棉过滤器、缸内壁水面下 10 cm 固定一个长度为20～30 cm 的产卵板，或放置一个立于缸底的产卵筒。

配对的亲鱼移入繁殖缸后仍然需要喂饲，饲养管理与后备亲鱼基本相同，"牛心汉堡"中添加部分虾肉更有利于性腺发育和产卵。

产卵后亲鱼在鱼卵旁看护并划水、喷水为鱼卵补充氧，有经验的亲鱼会将未受精的卵吃掉，防止发霉影响正常受精卵，而初产亲鱼可能会将所有卵全部吃掉，一旦形成习惯，该对亲鱼将来再也不能自孵自带小鱼了，因此要仔细观察，发现这种情况立即给受精卵加上网罩。经过大约 60 h，鱼苗孵化出膜。刚出膜的鱼苗体长只有 2 mm，黑色，像个逗号，一般静伏在产卵板上，24 h 后会游动，可能会主动躲藏到更阴暗的地方。鱼苗出膜 3 d 后，就会游到亲鱼身上，摄食亲鱼体表的黏液。

## 二、鱼苗阶段

当小鱼开始跟随在亲鱼四周，即俗称"上身"后，亲鱼要暂停喂食大约 3 d，同时鱼缸暂停换水。小鱼"上身"3 d 时，已长到大约 4 mm，这时已经可以摄食丰年虾苗，有些专业鱼场就会将其移出至鱼苗培养缸单独培养了，但是由于鱼苗太小，免疫力还未发育完善，鱼苗的质量和成活率都会受到不利影响，所以多数鱼场选择让亲鱼带鱼苗 5～7 d。

鱼苗由亲鱼或"奶妈"带养 5～7 d 后，全长达到 6～9 mm，由于数量多、食量大，必须从亲鱼身边分离，否则会造成亲鱼或"奶妈"体质虚弱，影响以后的生产。

刚离开父母的鱼苗游泳能力较弱，觅食能力不强，采用小缸更有利于其摄食和成长。一般用 3～10 L 容量的小缸（视鱼苗多少而定，鱼苗很少时用饭碗也可以），除打气头之外不配备其他器材。

喂养鱼苗要少量多次，开始时每天喂 8 次丰年虾幼体，长到体长 1 cm 时减至每天喂 6 次，天亮时喂第一餐，天将黑时喂最后一餐，其中 2 次喂"牛心汉堡"，鱼苗用的"牛心汉堡"配方与中鱼和成鱼有所不同，其配方为海水虾肉 60%、牛心 30%，再添加一些绿藻和复合维生素、矿物质。制作时一定要充分搅碎，并注意清洁。每次投喂后 5～10 min 即进行清理，用细塑料管吸去残饵及部分污水，补充新鲜水至原来的水位。随着鱼苗逐渐成长，需要更换尺寸更大的鱼缸。如此直至鱼苗全长达到 20 mm 左右、可以摄食血虫（一种摇蚊幼虫），需转换饲料及管理方式。

20 mm 及以上的鱼苗可以用养成鱼的大鱼缸养殖，每缸配备足够的过滤海绵进行气动抽提式过滤，保持水质清新和稳定。每天投喂次数减少为 4～5 次，交替喂饲"牛心汉堡"（配方介于幼苗与中苗之间）、冰冻血虫。根据水质浑浊度，每天换水 1～2 次。鱼苗放养的密度与规格呈负相关，规格增大，单位水体养殖的数量应该减少。一般规律：放养数量×平均规格（cm）＝鱼缸水体体积（L）为适当密度，放养数量×平均规格（cm）≥1.5×鱼缸水体体积（L）为极限密度，当养殖密度达到极限时，必须再次分缸。

### 三、中鱼阶段

50～100 mm 的七彩神仙为中鱼，此阶段生长较慢，摄食方面要求比较低，因此水质变化不大，适应能力也比较强，此阶段持续时间长达 6 个月。为减少管理耗费的劳动力，这一阶段可使用最大的鱼缸甚至水池，水体不小于300 L，同一水体应放养同期、同规格的苗，放养密度要求与鱼苗阶段相同。

为减少调水的麻烦、提高商品鱼对水质的适应能力，中鱼阶段的水源只要消毒、除氯，无需调 pH 和硬度。

每天投喂次数减少为 2～3 次，交替喂饲"牛心汉堡"、冰冻血虫或七彩神仙专用商品饲料。每 1～2 周投喂添加了杀虫药的"牛心汉堡"，以杀除体内寄生虫。

## 第四节　疾病防治

疾病防治的策略是以防为主、及时发现、及早隔离和治疗。

### 一、疾病预防

疾病预防的关键是做好以下四个方面的工作：

**1. 水质管理**

做好日常水质管理既是生长的需要，也是防病的要求。只要按照七彩神仙的生理要求，保证水质状况良好，鱼在其中有舒适感，七彩神仙就会少发细菌性疾病及体表寄生虫病，疾病的危险就会极大地减少。要避免水质恶化、避免突然大量换水。

**2. 水温控制**

七彩神仙养殖水温必须控制在 26～30 ℃，并且不能剧烈变化，超出这个范围鱼的健康就会受影响，严重时直接致死，同时也造成鱼抗病力下降。所以要控制好水温，防止水温剧烈变化，避免蓄水池和养殖缸被暴晒、风吹雨淋。

**3. 营养及科学投喂**

七彩神仙是杂食性鱼类，对营养的需要是全方位的。必须保证饲料营养丰富和全面均衡，及足够的摄入量（需要少吃多餐），才能保证鱼的体质。喂食要有规律，避免过饱或饥饿。

**4. 病原体侵入及交叉感染**

制作饲料时原料一定要新鲜干净，活饲料使用前要消毒，减少传入疾病的机会。各鱼缸之间必须保证养殖水及生产工具的隔离，尽量避免工具混用，共用工具在每个缸用过之后需先消毒才能再用于另一个鱼缸，避免交叉感染。

## 二、常见疾病的诊断和治疗

七彩神仙鱼的疾病主要有真菌性疾病、细菌性疾病、寄生虫病、原生动物性疾病等，危害最大的是细菌性疾病和体内寄生虫感染：

### （一）真菌性疾病

主要有水霉病以及真菌性白内障。

水霉病主要表现是体表或鳍生长棉絮状白毛，鱼体消瘦，治疗方法是提高水温至 30 ℃，并用亚甲基蓝 20 mg/L＋福尔马林 200 mg/L 合剂浸泡鱼体 10 min，每天 2 次，连用 3 d。

白内障有不同的诱因，如果眼睛巩膜上长白毛，就可确诊为真菌诱发的眼病。可以用水霉病治疗方法治疗，也可以用盐水浸泡或病灶部位涂抹人用癣药膏。

### （二）细菌性疾病

**1. 恶性复合性细菌感染**

主要症状是皮肤溃疡，皮下充血，鳍基红肿充血，鳞片竖立等。一旦症状发展到全身，会很快死亡来不及医治。

在发病初期，用 10 g/m³ 高锰酸钾浸泡 10 min，每天 2 次，连续用药 3 d；或用含有效碘 10％的溶液配制成 10～30 g/m³ 的药浴液，每次浸浴 10～20 min，每天 2 次，连续用药 3 d。

**2. 肠炎**

通常是由摄入不洁食物造成的。症状是拖白色黏脓的粪便，不摄食。

由于拒食，投喂药饵的方法收效甚微，可以用灌肠的办法，即注射器连接软管，将药物从食道注入肠道内。适用药物主要有土霉素、恩诺沙星、沙拉沙星和诺氟沙星，剂量为每千克鱼体 20～40 mg。

### （三）体内寄生虫病

毛细线虫、蛔虫、蛲虫、绦虫在体内寄生很普遍，即使健康的鱼体内也可能有寄生虫，当鱼体质良好时不会表现明显的症状，而一旦水质变坏、抵抗力下降，寄生虫就会对鱼造成致命伤害。饲养七彩神仙的专业鱼场常定期在鱼饲料中添加杀虫药，一般 1 周或 2 周喂 1 d 药饵，饲料中添加的药物通常是阿苯达唑（商品名肠虫清，分子式 $C_{12}H_{15}N_3O_2S$），每 100 g "牛心汉堡"中加入 0.1 g，碾碎拌匀备用。也可用晶体敌百虫代替肠虫清，剂量为每 100 g "牛心汉堡"加 0.25 g。

### （四）体表寄生虫病

常见的体表寄生虫病有：头洞病、小瓜虫病、车轮虫病、鱼虱病、指环虫病、三代虫病、锚头鳋病等。

**1. 头洞病**

**【发病规律及症状】** 此病是热带鱼养殖业界闻之色变的最臭名昭著的疾病，很多种慈鲷科的热带观赏鱼有发生此病的例子，其症状是头上长洞。初发时头部有一些浅坑，虫蛀的样子，渐渐地浅坑变深坑，可以见到头骨，鱼不吃食，无精打采，没几天就死亡。

**【病原】** 头洞病的病原是六鞭毛虫，这是一种原生动物，个体很小，只有十几微米长，可以在显微镜下看到。

**【预防方法】** 一是经常换水，即使有很好的过滤系统，也应每周补充 1/5 新水；二是切断传染渠道，不同的鱼缸不要互相串水，不要串用入水的工具；三是消毒，用过的鱼缸如果准备再用，应该整缸带水消毒，鱼缸壁、缸内器材、装饰品全部用高锰酸钾浸泡，浓度为 5～10 mg/L，数小时后全部排掉换上自来水，每次补充新鱼时，严格执行鱼体消毒。

**【治疗方法】**

① 用棉签蘸双氧水涂抹患处，连续涂抹 3 d，每天 1～2 次；同时泼洒硫酸铜使水体药物浓度达到 0.5 mg/L。

② 200 mg/L 甲醛＋20 mg/L 亚甲基蓝溶液浸泡 10 min，每天 1 次，连用 3 d。

③ 泼洒硫酸铜使水体药物浓度达到 0.5 mg/L，患处涂抹红药水 1～2 次/d，连用 3 d。

④ 40 mg/L 甲醛＋2 mg/L 亚甲基蓝泼洒入鱼缸，长时间浸泡。

**2. 小瓜虫病**

**【症状】** 又称白点病，是一种常见病，水温低时热带鱼容易发生。病鱼行动迟缓，食欲不振，身体表面有很多细微的白点，鳍条和鳃上也有分布，严重时小点密集，几乎连成片，甚至体表的黏膜也变成不透明的白色。

【病原】小瓜虫病的病原是小瓜虫属的几种，属于原生动物，在显微镜下观察可见到其形状酷似西瓜，而且有类似西瓜的条纹，因此得名。

【发病规律】白点病传染性不是很强，但是在水温低于鱼的适宜温度时就很容易发生，七彩神仙在水温低于 25 ℃时有可能发生此病，而且水温越低越容易发生，水温越低也越难治疗，严重时可致鱼大批死亡。

【治疗方法】

① 将水温调高至 30 ℃，同时加入海水晶盐，使水体盐度达到 0.3，保持 2 d 即可治愈。

② 鱼缸泼洒孔雀石绿至 0.3 mg/L 浓度，保持 2 d，同时适当加温。

③ 鱼缸泼洒亚甲基蓝 3 mg/L 浓度，保持 2 d，同时适当加温。

**3. 车轮虫病**

【症状】水温低时热带鱼容易发生此病，病鱼聚集于边角，食欲不振，呼吸急促，体色暗黑，显微镜检查鳃部可见汽车轮胎状的微小生物，即车轮虫。

【病原】病原为车轮虫，属于原生动物。

【发病规律】此病发展较为迅速，主要危害鱼的呼吸器官，可造成鱼迅速死亡，故一旦发生，应及时治疗。

【治疗方法】

① 将水温调高至 30 ℃，同时加入海水晶盐，使水体盐度达到 0.3，适当增大充气量，保持 2 d。

② 硫酸铜与硫酸亚铁合剂（5∶2）全池泼洒，用量 0.7 mg/L。同时，有条件的话应适当加温。

**4. 鱼虱病**

【症状】病鱼不安、狂游，像"抽风"似的，鱼体消瘦，肉眼可以看到身体表面有虫体。

【病原】病原为日本鱼虱，形状像龟、鳖，大小 2～5 mm，依靠腹部的吸盘吸附在鱼的身体和鳍的表面，啃食鱼的黏膜。

【治疗方法】

① 晶体敌百虫（含量 90％）溶解并稀释后泼洒，使水体最终药物浓度达到 0.2～0.3 mg/L。

② 用 2～3 mg/L 晶体敌百虫溶液浸泡鱼体 10 min，使虫体脱落后，将鱼放回鱼缸，第二天如仍发现鱼身上有虫，再重复上述处理。杀完虫后鱼缸内低剂量泼洒消炎药。

③ 高锰酸钾 15 mg/L 浸泡至虫体脱落。

**5. 指环虫病、三代虫病**

【症状】二虫形态及造成的病症都很接近，主要寄生于鳃部和身体表面，病鱼鳃盖张开，呼吸急促，身体发黑，显微镜检测可见到蛆状透明虫体。

**【治疗方法】**

① 同鱼虱病之①②。

② 亚甲基蓝泼洒，使水体最终药物浓度达到 2～4 mg/L。

③ 40 mg/L 甲醛＋2 mg/L 亚甲基蓝长时间浸泡。

④ 200 mg/L 甲醛＋2 mg/L 孔雀石绿溶液浸泡 10 min，每天 1 次，连用 3 d。

（文/图：汪学杰）

# 燕鱼的健康养殖

　　燕鱼健康养殖是指通过提供符合燕鱼生物学习性的养殖设施、食物、环境条件，实现水资源重复利用，少耗水、少排污、少生病、少用药的一种养殖方式。

　　燕鱼属鲈形目 Perciformes、丽鱼科 Cichlidae（观赏鱼界称之为慈鲷科）、天使鱼属 *Pterophyllum*，又名天使鱼、神仙鱼、淡水神仙鱼、小神仙鱼、小鳍帆鱼等，有神仙鱼（*Pterophyllum sccalare*）、阴阳神仙鱼（*Pterophyllum eimekei*）、长吻神仙鱼（*Pterophyllum dumerilii*）和埃及神仙鱼（*Pterophyllum altum*）（图 11-1）4 个物种，以及白燕鱼、黑燕鱼、灰燕鱼、云石燕鱼、长尾云

图 11-1　埃及神仙鱼

石燕鱼（图 11-2）、半黑燕鱼、鸳鸯燕鱼、三色燕鱼、金头燕鱼、玻璃燕鱼、钻石燕鱼、真子钻石燕鱼（图 11-3）、熊猫燕鱼、红眼燕鱼等多个人工培育品种。

图 11-2　长尾云石燕鱼

图 11-3　真子钻石燕鱼

燕鱼分布于南美洲亚马孙河流域，主要在巴西、秘鲁、圭亚那等国。

燕鱼是全世界最普及的热带观赏鱼之一，东南亚尽管不是燕鱼的原产地，但是由于气候、水质等环境条件与原产地比较相似，在燕鱼养殖方面具有自然条件的优势，因此长期以来都是燕鱼的重要产地。

# 第一节  生物学特征与生活习性

此鱼头小、口尖，身体侧扁，一般成鱼全长（指从吻端至尾鳍末梢的距离）12～18 cm，全高（鳍自然伸展时背鳍末梢和臀鳍末梢间的垂直距离）15～20 cm，背鳍和臀鳍对称延长，使整个侧看轮廓近似飞燕，燕鱼之名由此而来。胸鳍第一鳍条延长至尾鳍末端，尾鳍长短是品种分类的重要依据。神仙鱼游泳姿态潇洒飘逸，有飘飘欲仙之美，神态气质安详镇定，颇具道骨仙风。

适宜水温 24～28 ℃，适宜水质：总硬度 40～100 mg/L，酸碱度（pH）6.5～7.0，溶解氧量（DO）不低于 3 mg/L。杂食性偏动物食性，在自然界中主要摄食小型的昆虫、浮游动物、底栖动物、植物果实、种子、嫩芽等。

10 月龄左右性成熟，一年多次产卵类型，每次产卵量 400～1 000 枚，产黏性卵，产卵于水下的树干、树叶或岩石表面，产卵后守护受精卵直至孵出的小鱼开始摄食。受精卵孵化时间 36～48 h，出膜后约 48 h 可水平游泳，开始觅食。鱼苗开口饵料为适口的浮游动物，以轮虫和枝角类为主。

# 第二节  设施设备

主要包括养殖容器、进排水处理设备、循环净化系统、增氧系统、饲料加工及贮存设备等。

## 一、养殖容器

常用养殖容器为玻璃缸和鱼池，不同生命阶段的燕鱼需要不同的养殖容器。开始水平游泳至体长 1.0 cm 的稚鱼，用容积 20～50 L 的方形玻璃缸，配备生化棉过滤器；体长 1.0～2.5 cm 的幼鱼用容积 100 L 左右的长方形玻璃缸，配备循环净化系统；体长 2.5 cm 至成年，用容积 200 L 以上的长方形玻璃缸，或面积 1～10 m²、深度 40～60 cm 的水池，配备独立的循环净化系统，水池可以是塑料、玻璃纤维、砖和水泥等材质，其中以水泥池最好，便于构建单池循环净化系统；配种缸应该为长度不小于 1 m、深度 40～60 cm、容积不小于 250 L 的长方形玻璃缸，配备循环净化系统；产卵缸为容积 100 L 左右的长方形玻璃缸，配备生化棉过滤器或顶部过滤槽；孵化可用稚鱼培养缸，也可用产卵缸。

## 二、水源处理设施设备

因水源而异，如以自来水为水源，则只需蓄水池、充氧设备、抽水泵。蓄水池的容积应不小于养殖场日耗水量。

如水源为井水，须先进行检测。首先要检测是否含有毒有害物质，不含超过养殖水标准的有害物质则具备作为养殖水的基本条件。然后检测硬度和pH，如果硬度在 150 mg/L 以下、pH 6～7.5，则符合燕鱼养殖水的要求，如同自来水一样处理即可；如硬度在 150 mg/L 以上、pH＞7.5，则需要采取技术手段降低硬度及 pH，具体的办法可以根据硬度和 pH 与标准值的差距选用，这些办法包括：向水中添加二氧化碳（$CO_2$）、活性炭过滤、阳离子交换柱、逆渗透去离子、浸泡泥炭或榄仁叶等。

如果使用地表水，需要进行预处理，处理方法参考本书第十章"七彩神仙鱼的健康养殖"。

## 三、排水处理

可参考本书第十章"七彩神仙鱼的健康养殖"。

## 四、循环净化系统

循环净化系统对于燕鱼的养殖是不可或缺的，同时也是减少水资源消耗、减少尾水排放、实现可持续健康养殖的关键。

燕鱼鱼缸配备的循环净化系统包括单缸配备和多缸共用两种，详情可参考本书第十章"七彩神仙鱼的健康养殖"。

养殖燕鱼的水池以采用自净化养殖池为好，水池水体较大，养殖燕鱼的数量较多，是一种效率较高的养殖方式。如果没有配套的净化系统，每天换水、清污需要消耗大量劳力，而且换水前后水质变化较大，会增加发病率，因此，从健康养殖、生态养殖的角度出发，应该采用自净化养殖池。自净化养殖池结构模式参见图 11-4。

除了鱼缸鱼池可配备净化系统之外，鱼场还可建立一个总的尾水处理系统，收集鱼缸、鱼池排出的尾水，通过物理净化和生物净化，使水质达到养殖用水标准，再次进入水源蓄水池，重复使用，并实现鱼场尾水零排放。

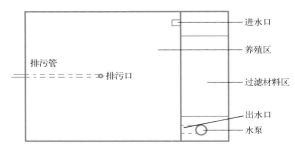

图 11-4　自净化养殖池结构模式图

# 第三节　养殖管理

## 一、繁殖期

神仙鱼人工条件下的繁殖有两种方式，一种是群体繁殖，另一种是一对一缸的繁殖。这两种繁殖方式开始时的管理、操作是一样的，在亲鱼自行配对之后的操作有所不同。

首先准备配种缸，配种缸应该长度不小于 1 m、容积不小于 250 L，可以同时放养 20 尾左右成熟的神仙鱼，鱼缸宜适量种植阔叶水草如水车前、大波叶、将军芋头、三角荷根、辣椒草、皇冠草等，杯装可移动的较好。另外，鱼缸中放入 4～8 个产卵筒，至少每个角落放 1 个，另外还应配备适当的过滤系统和增氧设备。

10 月龄的神仙鱼刚成熟，开始自主择偶。当两尾神仙鱼相互中意的时候，它们会离开其他鱼，占据一个角落或一棵草，并守护着它们的领地。可以将自行配对的神仙鱼捞到专门准备的产卵缸，每个缸一对，这样就可以任由它们在配种缸产卵。产卵环境应该比较阴暗、安静。

在专用产卵缸产卵比较便于管理，产卵缸为边长 25～30 cm 的方形玻璃缸，不必设装饰品，用一个气动生化棉过滤器（俗称水妖精）充氧兼过滤，放置一个站立的产卵筒或者壁挂的产卵板。

产卵通常在配对成功后 1 周内发生，持续时间为 1～2 h，卵产在水草的叶面，或者在人工产卵筒、产卵板上，有时会产在鱼缸壁上，需仔细观察才能发现。产卵量 300～1 000 枚，与亲鱼的个体大小、成熟度及体质有关，初产 300～400 枚的居多。

产卵完成至少 2 h 之后将受精卵从亲鱼身边移走，因为产卵完成后需要留一些时间给亲鱼，让它们清理掉死亡的鱼卵。受精卵放入专门的孵化缸孵化。一个容积 20～30 L 的孵化缸每次只孵化一窝鱼卵，加一个小型的气动生化棉过滤器，孵化期间不用换水，但是鱼苗出膜后要尽快换掉至少 1/2 缸水。

大规模的养殖场也可以用 100～300 L 的中型鱼缸作为孵化缸，同品种同时间产的卵可在同一鱼缸孵化，每个孵化缸的孵化密度控制在 10～50 枚/L。

受精卵在水温 26 ℃下 2～3 d 可孵出鱼苗，开始出苗时应将充气头的出气量适当调小，以免过大的水流伤害鱼苗。

鱼苗出膜后 3 d 内靠卵黄囊提供营养，一般吸附在原地，或者聚集在比较黑暗的地方（出于本能的安全意识），直到卵黄囊消失，它们才开始游泳觅食，也就是说，当鱼苗具备水平游泳的能力时，就可以开始喂食了。

## 二、鱼苗阶段

鱼苗出膜后 3～4 d 即开口摄食，开口饲料是轮虫、草履虫（俗称的灰水中主要的营养物质就是草履虫）、小型丰年虫幼体，如果无法获得这些饲料，可以用熟蛋黄匀浆，200 目密网过滤出的蛋黄浆喂养 2～3 d，然后改用一般的丰年虫幼体或小型枝角类。刚孵化出的丰年虫无节幼体是很多鱼类、虾蟹类的最佳开口饲料，营养价值比多数浮游动物都高，因此，丰年虫卵早已商品化。前面所述的其他浮游生物，广泛存在于各种水域，可以用浮游生物网从鱼塘、湖泊、河流、水坑捞到。由于浮游动物较多存在于污水（通常是富营养化的水体）中，携带细菌的量比较高，有的甚至会带有寄生虫卵，因此用来喂鱼苗之前必须消毒和清洗。

鱼苗喂养应少量多餐。如果是喂丰年虫幼体，体长 1 cm 之前每天至少喂 6 餐，体长 1～2.5 cm 的鱼苗每天至少喂 4 餐，每餐过后要吸除残饵（丰年虫幼体属于海水浮游动物，在淡水中很快死亡）；如果喂活的淡水浮游动物，每天至少早晚各喂 1 餐，并始终保持鱼苗缸内有一定密度的饵料。

鱼苗从开口摄食到 3 cm 长都可以摄食浮游动物，但是随着身体的成长，鱼苗的食量大增，一般难以供给这么多的活饵料，所以，当鱼苗长到 1 cm 时，可以开始使用人工饲料，比如七彩神仙鱼苗吃的"牛心汉堡"，或者饲料厂家生产的"鱼花开口饲料"。鱼苗体长达到 2.5 cm，可以开始间插着喂血虫。

鱼苗长到 3 cm，仍然可以摄食浮游动物，但是为了管理方便及保证营养物质的充足，应该主要喂食血虫和人工饲料，与成鱼饵料接近。

鱼苗培育初期，水质净化主要靠气动式生化棉过滤器，每次喂食之后及时吸除残饵和粪便，补充除污时排出的水量，每天换水 1/3 缸左右。鱼苗长到 1 cm 后，投喂的饲料增加，水体内的污物大幅度增加，应使用净化能力更强的过滤系统，同时应调低养殖密度。

鱼苗培育过程中，应随着鱼苗成长不断调低养殖密度，推荐的养殖密度见表 11-1。

表 11-1 燕鱼养殖密度表

| 培育阶段或体长 | 受精卵 | <1 cm | 1~2 cm | 2~3 cm | 3~5 cm | >5 cm | 亲鱼 |
|---|---|---|---|---|---|---|---|
| 养殖密度（尾/L） | 10~50 | 5~10 | 2~3 | 1~2 | 0.3~1 | 0.1~0.3 | 0.05~0.1 |

## 三、中鱼至成鱼阶段

这一阶段指体长 2.5 cm 至性成熟，这一阶段的燕鱼，体形没有明显的变化，生活习性也保持不变，因此养殖管理始终保持同一模式。

此阶段的养殖容器是大鱼缸或水池，水体不小于 300 L，配备循环过滤系统。

为减少调水的麻烦、提高商品鱼对水质的适应能力，此阶段的水源只要与燕鱼自身的要求不偏离太大，就只要消毒、除氯，无需调 pH 和硬度。

同一水体应放养同期、同规格的苗，放养密度要求见表 11-1。养殖一段时间后，鱼体长大，应及时调整到相应的密度。

体长 2.5~3.5 cm 时，投喂的饲料应保持较高的蛋白质、维生素和矿物质含量，可采用动物性鲜活饲料与颗粒饲料轮转投喂的方式，其中颗粒饲料的粗蛋白含量应≥38%，每天投喂次数为 3~5 次。体长 3.5 cm 以上时，可适当调低饲料的蛋白质含量，可采用全人工颗粒饲料投喂，也可延续前一阶段鲜活饲料与人工颗粒饲料混合投喂的方式，但颗粒饲料的粗蛋白含量应≥35%，每天投喂次数减少为 2~3 次。

每天至少清理一次残饵粪便，至少巡查各鱼缸鱼池 1 次，观察发现水质不佳应先检测透明度、pH、溶解氧、氨氮、亚硝酸盐等指标，根据检测结果定向查找和分析原因，先大量换水，然后根据判断的原因，采取相应的管理措施。需重点关注的是循环净化系统是否正常运行、日常换水率是否足够、鱼是否患肠道疾病等。

如巡查发现有鱼患病，应首先隔离患病鱼所在的水体，防止病原扩散到其他水体，然后对病鱼进行诊断，根据诊断结果采取相应治疗措施。对于病情严重、已无法挽救的鱼，应及时捞出，进行无害化处理。

# 第四节　疾病防治

　　疾病防治是实现健康养殖的重要环节，按照健康养殖的要求，应采取以防为主、及时发现、及早隔离和治疗的策略。

　　燕鱼疾病预防和治疗技术可参阅本书第十章"七彩神仙鱼的健康养殖"第四节。

（文/图：汪学杰）

# 淡水魟的健康养殖

淡水魟是新兴且很受欢迎的大型观赏鱼种类，身体呈圆盘状，是一种体形奇特的卵胎生鱼类。大约在 2001 年，南美的淡水魟鱼输入中国台湾，而后逐渐进入大陆观赏鱼市场。魟鱼一般和龙鹦鹉鱼、罗汉鱼等中大型鱼类混养在水族缸，其底行性能可与各水层的鱼类搭配出很好的视觉效果。

## 第一节　生物学特性与生活习性

魟鱼，是指软骨鱼纲 Chondrichthyes、鲼形目 Myliobatiformes、魟亚目 Dasyatoidei 鱼类的总称。其起源可追溯到中生代的侏罗纪（14 亿～18 亿年前），身体扁平，略呈圆形或菱形，软骨无鳞，胸鳍发达，尾部有毒刺，绝大部分生活在海水中，少数分布在淡水区域。魟亚目共 6 科 158 种，包括六鳃魟科、近魟科、扁魟科、燕魟科、魟科和河魟科。河魟科（Potamotrygonidae）共包含 3 属 20 余种，分布在南美洲的大部分主要河流系统中，此科鱼类均在淡水中生存，并表现出相当多的形态变异。鱼类学家推测河魟科鱼类起源于海洋或广盐性的祖先，在过去的 300 万～500 万年间，分散到淡水中。作为观赏鱼的品种一般为河魟科的鱼类，即淡水魟。

淡水魟广泛栖息在热带淡水河流中，作为一种底栖鱼类，其栖息深度随河流的深度而变化，并更喜欢有沙质基底的平静水域，特别是小溪、溪流的边缘，常躲藏在泥沙之中，利用它们的鳍扇起沙泥找寻躲在沙泥地中的虾蟹贝类为食。

魟鱼的尾部细长，体形呈纵扁形，其身体背部与腹部之间的厚度变薄且往水平方向变宽，使体形看来像是一个薄薄的圆盘，有利其在水域底层的栖息、藏身及猎食。其体表的各种花纹图样，以及褐色或黑色等体色，也对其在水域中的行动起到保护作用。据报道，淡水魟最大体盘长度可达 100 cm，重量达 15 kg 以上。成体平均体长 50～60 cm，体重在 10 kg 左右。雌性通常比雄性稍大一些。魟鱼尾部演化出象牙质的软骨组织所组成的毒刺，刺呈中空状，两侧有小锯齿，毒刺的外层是外皮鞘，内含有腺上皮细胞而形成毒腺。一般成鱼的刺长 5～10 cm，受到攻击时将毒刺刺入对方体内，外皮鞘会被破坏而释放毒液，毒液属神经性毒。毒刺本身会随着成长定期替换重长，替换期常可见新旧两刺上下重叠并存，甚至于有 3 根并存的情形。

　　魟鱼眼睛位于背部，眼距小，这样的眼部位置及构造，有助其观测身体上方其他生物的动静。观赏鱼业界依据魟鱼眼睛大小，将其分为大眼魟和小眼魟两大类。淡水魟口横裂，位于腹面；通常有 5 对鳃，鳃孔位于腹面。淡水魟为卵胎生鱼类，体内受精，雄性尾柄基部两侧鳍脚有圆锥形突出，即特化形成的外交接器，而雌性个体鳍脚为扇形，无交接器。雌性腹部特征见图 12-1。

图 12-1　雌性黑帝王魟腹部

　　所有的河魟科鱼类，都不具备尿素合成能力，因此环境氨氮含量较高时无法通过合成尿素来解毒，不能保留高浓度的血液尿素来对抗高盐度造成的水分流失，这也与其只能在淡水生存有关。因此养殖淡水魟对于水质的要求很高。

　　淡水魟鱼的水质要求为：总硬度 40～150 mg/L，pH 6.0～7.0，氨氮（$NH_3$）≤0.02 mg/L，亚硝酸盐（$NO_2^-$）≤0.02 mg/L，硝酸盐（$NO_3^-$）≤300 mg/L（有些品种要求≤100 mg/L），盐度 0～0.5，溶解氧量（DO）≥3 mg/L。

## 第二节　品系划分及特征

　　由于魟鱼的分类依旧存在很大的争议，不能具体明确地划分出其品种，所以根据最常见的品种，将其大致分为珍珠魟、黑白魟、帝王魟、豹魟、小眼魟等品系。

## 一、珍珠魟系列

珍珠魟学名 *Potamotrygon motoro*。

**1. 秘鲁珍珠魟**

秘鲁珍珠魟（图12-2）是目前所有魟鱼中进口数量最多、最普及的品种。其体盘表面光滑，底色通常较深，呈黑褐色，其上散布数量不等的圆点，圆点通常被一层颜色更深的黑色纹路包围。也有特殊个体底色较浅，体盘上的斑点较接近鹅黄色，圆点外围的黑色纹路较为不明显；或金色圆点外缘具有相当明显的宽阔的黑色纹路，会成锁链状上下延伸。

图 12-2　秘鲁珍珠魟

**2. 巴西珍珠魟**

巴西珍珠魟又名"皇冠珍珠魟"，体盘表面光滑，底色多呈现咖啡色，圆点通常为浅黄色到白色。随着体型的成长，黑色的外框会变得更加浓粗，咖啡色的体盘上也会铺满不甚明显的淡淡的细小朱砂点。

**3. 哥伦比亚三色珍珠魟**

又名帝王三色珍珠魟（图12-3），具有茶褐色的底色，橘黄色的圆点由

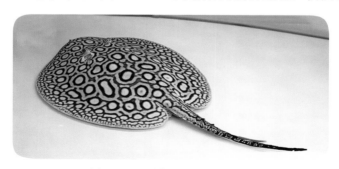

图 12-3　哥伦比亚三色珍珠魟

黑色和金黄色的纹路包围，体盘外缘有 2～3 圈锁链状或带状纹路环绕；也有个体表现出每个圆点之间掺杂一些蛇纹状或细点状纹路，色彩更为灿烂夺目。

## 二、黑白魟系列

### 1. 黑白魟

学名 *Potamotrygon leopoldi*，也称豹江魟（图 12 - 4、图 12 - 5），体呈扁圆形，为一圆片状，最大盘径约 60 cm，尾部为短棒状。体色为黑色的底盘与亮白色的斑点。普通黑白魟在裙边上是没有斑点的，斑点都集中在体盘上，特别是体盘中央有 6 个白点由头部至尾部方向排列为 3、2、1 的倒三角形状，这是辨认它的重要依据。另外还有皇冠黑白魟、甜甜圈、太空魟等变异品种，这些变异品种的价格要高许多。皇冠黑白魟体盘上的白色珠点比普通黑白魟的多且大，通常还伴随着一些小珠点零星分布，或是甜甜圈状纹路，整体看起来华丽许多。

图 12 - 4　黑白魟（Ⅰ）

图 12 - 5　黑白魟（Ⅱ）

### 2. 金点魟

学名 *Potamotrygon henlei*，也称黑金，盘径可以达到 60 cm 左右，底色由浅咖啡色到深咖啡色都有发现，与黑白魟最大的差异是其体色的多变性。

## 三、帝王魟系列

### 1. 帝王魟

学名 *Potamotrygon menchacai*，也称老虎魟（图 12 - 6）。体型硕大，是南美魟鱼中少有的大型种类，最大体盘直径可达 70 cm。帝王魟在幼鱼阶段，基底颜色与虎斑状花纹都比较淡，随着鱼体的成长会逐渐发生颜色的深浅变化。成鱼身上有金黄色花纹，尾部黑黄相间，腹部全白。

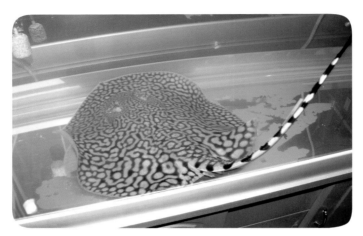

图 12 - 6　帝王魟

**2. 金帝王魟**

学名 *Potamotrygon schroederi*，又称施氏江魟（图 12 - 7）。体盘可以达到 40～50 cm，与帝王魟同为黑底和金色纹路，但其金色色彩是一朵朵宛如梅花的形状，与帝王魟迷宫状、点状纹路有着相当大的不同。

图 12 - 7　金帝王魟

## 四、豹魟

学名 *Potamotrygon castexi*，又称卡氏江魟，属淡水魟鱼中的大型品种，直径可达 60 cm 以上，甚至更大。豹魟身上的斑纹多为大小不一的金色圆点、不规则的小斑点、龟甲般的纹路。

## 五、小眼魟系列

### 1. 天线魟

学名 *Plesiotrygon iwamae*，又称长尾满天星，体盘形状接近海生的品种，口裂小，体盘规格也相对小许多。盘面上布满细碎的浅色圆形斑点，尾巴非常长。

### 2. 苹果魟

学名 *Paratrygon aiereba*，又称巴西副江魟，体盘可达 1 m 以上，体盘几乎为圆形，身上不具任何明显花纹，最大体盘可以长到 3 m 左右。与天线魟一样，皆因身体极端纵扁、体盘宽圆而区别于其他大眼魟鱼种。

## 六、其他常见品种

### 1. 迷你魟

学名 *Potamotrygon reticulata*，属于小型魟鱼，斑纹等到完全成熟的时候才能明显地显现，最大体盘可达 30 cm 左右。不论是幼鱼还是成鱼，体型都比一般的魟鱼要小。

### 2. 花魟

学名 *Potamotrygon histrix*，这种广布于亚马孙河流域的魟鱼，在其淡褐色的鱼体上，有着深褐色的大云斑点，且通常是左右对称。最大的体盘约 50 cm。

### 3. 巨型龟甲魟

学名 *Potamotrygon brachyura*，淡水魟鱼中最大型的品种，通常在 1 m 以上，最大可超过 1.5 m，全身呈灰褐色，并布满暗褐色的大龟甲状斑纹，尾部短而胖。

# 第三节　健康养殖（以珍珠魟为例）

## 一、环境与设施

### 1. 水族箱

对于淡水魟鱼生产场而言，水族缸通常只用于稚鱼至幼鱼培育阶段，因为水族缸对于大鱼而言生产效率太低，不宜采用。水族缸的规格通常是长 120～200 cm、宽 40～60 cm、深 40～60 cm，刚开口摄食的幼鱼不宜使用过大的缸，因为幼体期通常捕食能力十分差，用大缸养常吃不到东西导致越来越虚弱，所以先用小缸来养可以帮助它们捕猎食物。随着体型的增大，如果活动的空间太小会阻碍其生长发育，需要对水族箱进行随时调整。

每个鱼缸最好有独立的过滤系统。

**2. 硬底水池**

硬底水池一般就是水泥池，也可以用硬质塑料、玻璃钢、玻璃等材料制作，而实际上使用最多的依然是水泥池。水泥池面积 $5\sim100\ m^2$，深度 $50\sim100\ cm$，每个水泥池连接一个独立的过滤系统，可以参考本书第五章"金鱼的健康养殖"中介绍的"自带净化间隔的长方形水泥池"的设计方案。水泥池池底、内壁宜光滑，以避免魟鱼贴底贴壁移动时擦伤皮肤，而一般采取的方法是涂树脂涂料或贴釉面瓷砖。

**3. 过滤设备**

珍珠魟不耐氨氮，对水质的要求极高，所以过滤设备非常重要。健康的珍珠魟不但活动力旺盛而且食量大，相应地，排泄物也多，所以其对过滤设备的硝化作用要求很高。在可能的范围内选择容积愈大的愈好，水容量大，接受水质变化的缓冲能力也就较高。过滤系统效能则越高越好，溢流式、上部滴流以及外置圆桶，都是不错的方式。若选择两种以上的过滤方式相互搭配则效果更佳。在滤材方面，除了传统的过滤棉之外，还可以使用生化滤材来使得硝化作用发挥最大的功效。一般的滤棉可以每周定期更换，而其他的滤材则可以每月轮流清洗，以使硝化细菌能不断地发挥最大的功效。

淡水魟鱼对水质的要求有一项特别之处，一般的观赏鱼对硝酸盐（$NO_3^-$）的耐受度很高，以至于通常不将其作为需要注意的水质因子，但淡水魟鱼对硝酸盐耐受度不高，强一点的品种耐受 $NO_3^-$ 的浓度可达到 $300\ mg/L$，敏感的品种只能耐受 $100\ mg/L$ 的浓度。

目前观赏鱼养殖用到的净化系统（也称过滤系统）的生物净化部分只有硝化反应，没有反硝化反应，硝化反应的最终产物是 $NO_3^-$，所以 $NO_3^-$ 的浓度迅速升高，一般只要一两天就能达到某些淡水魟鱼耐受的临界值，而同时又因为淡水魟鱼对水质的骤然变化很敏感，不能承受大量换水造成的水质震荡，这就形成了一个矛盾，也就是说，没有反硝化反应的净化系统，即使硝化反应效率很高，即使做到亚硝酸盐（$NO_2^-$）低到检测不到的程度，也不能把淡水魟鱼养好。

经过多年探索，目前已找到三个解决这个问题比较有效的办法：一是在净化系统中加入反硝化设备，使之具备反硝化功能，使氮元素最终产物变成氮气（$N_2$），离开水体；二是用流水养殖系统，在新水水质符合淡水魟鱼生存要求的前提下，通过不断补充无氮（$N_2$）的新水及排出含氮化合物（包括水中的蛋白质、氨基酸、氨、亚硝酸盐、硝酸盐等）的养殖水，使养殖水体内的氮化合物一直维持在低水平，养殖池连接完全的净化系统，不断进行水体循环，也可以在不具备天然清洁水源的条件下做到这一点；三是在现行循环系统的基础上，增加植物栽培环节，利用植物的吸收，减缓硝酸盐的积聚速度，把硝酸盐（$NO_3^-$）浓度长时间控制在魟鱼耐受范围内。鱼菜共生系统（图 12 - 8）和"过滤槽＋植物净化"（图 12 - 9）都是可行的办法。

图 12 - 8　一种鱼菜共生系统　　　　图 12 - 9　过滤槽＋植物净化方式

## 二、亲鱼培育与繁殖

亲鱼挑选标准为：体盘较圆，背部珍珠状斑纹大而圆且色泽鲜明，游动摄食积极且无病无伤。雄性挑选尾粗壮、交接器粗长、盘径 40 cm 以上的个体，而雌性则需背腹部较高、盘径 50 cm 以上个体。

亲鱼池采用单池自净化养殖系统（可参考本书第五章"金鱼的健康养殖"中的自净化养殖池设计），并加装适量的滴流过滤装置，养殖池中用浮框固定一边或一角配养水浮莲，面积为养殖池面积的 1/6～1/4。保证 24 h 不间断流水循环，每天检查水质 1 次，确保水质符合魟鱼要求。水温控制在 26～30 ℃。日投喂泥鳅（刚刚杀死的活体或者鲜活泥鳅的速冻品均可）1 次、小河虾 1次，投喂量为池内魟鱼总体重的 5%～6%。采用自然交配的繁殖方法，繁殖池总放养密度为 1～2 尾/m²，雌雄配比为 3：1。

交配通常发生在傍晚或清晨，雄鱼会主动追咬逼迫雌鱼游离水底层。游离底层后，雄鱼在雌鱼后面追逐，在适当的时候雄鱼会突然翻转身体，跟雌鱼腹部对腹部，然后生殖鳍脚插入雌鱼泄殖孔内受精，追逐交配过程约持续30 min。此阶段的雄鱼会变得异常凶猛，为了逼迫雌鱼上浮会撕咬雌鱼，以致体盘边受损，甚至露出骨骼，同时雄鱼之间也会为争夺配偶而激烈打斗。

生产前 2～3 d 雌性腹部隆起明显，表现为焦躁不安，且食欲下降或完全不摄食。生产时间多在深夜或黎明时，雌鱼表现为反复快速扇动臀鳍，偶尔做出弓背动作。仔鱼出生时先露出尾巴，继而整个滑出母体。仔鱼在母体内缩紧呈球状，进入水体后迅速展开。生产时间持续 30 min 至 1 h。

发现雌鱼有临产症状时应密切观察，小鱼出生后 12 h 内移入鱼苗培养缸培育，同一窝鱼苗放入一个缸。

### 三、苗种培育

**1. 开口培育**

初产仔鱼饲养于玻璃水族箱中，在 1.2 m×0.55 m×0.35 m 的水体中养殖 8～15 尾，养殖水温控制在 28～30 ℃。初产仔鱼仍带有卵黄，从 5 dpb（day post birth）（出生后第 5 天）开始投喂开口饵料。开口饵料选用新鲜洁净的血虫（摇蚊幼虫）或水蚯蚓，每天投喂 3～4 次，投喂量约为体重的 8%。20 dpb 开始在开口饵料中掺入绞碎的冰鲜小鱼、小虾、泥鳅等。其后逐日减少开口饵料所占比例，直至 30 d 后以冰鲜鱼虾和泥鳅完全替代开口饵料。由于水族箱养殖密度比较高，喂食量大，应保证每天吸底排污并换入同温或温度稍高的曝气水，换水量为 1/5～1/3。

**2. 仔鱼养成培育**

在水族箱培育至 1 月龄并且仔鱼已经适应摄食冰鲜鱼后转入水泥池培育。环境容积和养殖密度对珍珠缸的生长影响较大，初期控制密度为 5～6 尾/m²，随着生长再进一步降低密度，至亲鱼规格时不超过 1 尾/m²。养殖水体采用上部滴流生物沙过滤水处理系统，培养水浮莲等水生植物净水，水温控制在 26～30 ℃，养殖池给予一定的水流，保证阳光充足，每天日照时长为 8～10 h。仔鱼每天投喂适口的冰鲜鱼虾和泥鳅 2～3 次，每次投喂量为主餐泥鳅占鱼体重的 8%，辅餐冰鲜鱼虾等占鱼体重的 6%，每日吸底排污，换水量 1/5～1/3。

### 四、成鱼养殖

成鱼包括后备亲鱼和亲鱼，一般以盘径 40 cm 以上为标准。

一般来说珍珠缸属肉食性鱼类，红虫、虾类或泥鳅等都是珍珠缸养殖常用饵料。使用冰鲜饵料要注意其安全性和新鲜的程度。可以依照活饵 70%、冰鲜饵料 30% 的比例来分次和交叉喂食，投喂次数以每天 1 次为宜。依照上述的比例，同时定期轮换饵料种类，有利于珍珠缸的营养平衡，从而保证其性腺发育的正常。另外，每周可停止喂食 1 d，让珍珠缸因为索饵欲的增强而大大活动一下，以利于其健康。

水质对珍珠缸而言相当重要。但是，当珍珠缸适应了水质以后，其对水质变化的适应力会得到大幅度提高。所以，在稳定养殖一段时间后，水质只要不太过于恶化，或是变化太快，基本上珍珠缸都能生存得很好。以盐度为例，有研究曾将饲养半年以上且状况良好的珍珠魟饲养在高盐度的环境中，结果发现它们一样可以生存，只是生长速度减缓，且体色变得较暗淡。至于 pH 方面，因为珍珠魟原产地为弱酸性水质，东南亚地区的地表水多为弱酸性水质，与原产地相同，可以使用经过杀菌消毒的地表水，无需人工调控酸碱度。

## 第四节　疾病防治

与其他观赏鱼疾病防治的策略一样，珍珠魟疾病防治的策略是以防为主、及时发现、及早隔离和治疗。

### 一、疾病的预防

由于活饵的使用量大，而且活饵的来源不定，会有携带病原的可能性。为了降低食物源疾病风险，对活饵应进行使用前消毒，常用消毒方法是用 $3\%\sim4\%$ 的食盐水或 20 mg/L 浓度的高锰酸钾溶液浸泡 $10\sim20$ min。另外，在投喂泥鳅的时候，要先行处理让泥鳅呈现昏迷半死的状态，以避免珍珠魟因追猎食物而冲撞硬物导致受伤。

珍珠魟发病的主因几乎都是水质骤变。水质骤变会使珍珠魟产生应激反应，体表分泌大量黏液，进一步加剧水质的恶化，因此预防珍珠魟感染疾病的关键是避免水质骤变和恶化。另外，珍珠魟不是免疫力低下的物种，不需要频繁使用消毒药剂及抗生素。经常使用抗生素会使细菌产生抗药性、削弱珍珠魟免疫能力，并且破坏生物净化系统，因此尽量少用药也是珍珠魟疾病预防的一个关键措施。

### 二、常见疾病的诊断和治疗

**1. 水霉病**

【病原】水霉病的病原是水霉菌。

【症状】在体表伤口处滋生出棉花状物体，特别是在刚进口的鱼尾部毒刺等地方最常见。

【预防措施】这种疾病一般是伤口感染所致。所以在换水、喂食的时候应尽量避免弄伤魟鱼的身体进而被细菌感染，另外可以在水中放少许的食盐，因为食盐可以抑制细菌感染，进而防止珍珠魟水霉病的发生。

【治疗方法】保持水质良好，将水温提升到 $30\sim32$ ℃，添加食盐使水体食盐浓度达到 $0.4\%\sim0.5\%$，用镊子将肉眼可见的水霉（表面的白毛）拔除，然后在病灶位置涂抹抗真菌药物。

**2. 细菌复合感染**

【病原】多种细菌。

【症状】鳃盖部分积累黏稠状液体，或鳃盖内部伴随有血丝，严重的鳃丝由红色变白，甚至腐烂，使个体不能够呼吸而死；或突然性食欲下降或是瞬间拒食，并伴随体表黏膜增多，身体消瘦，不好动，都有可能是胃肠部感染。

【预防措施】平时注意保持良好水质，并避免带病菌的水入池。

【治疗方法】先用药性温和、刺激性较小的广谱抗菌药物（例如聚维酮碘、络合碘）全池泼洒，如无好转可以再添加针对性强的专用药治疗。

**3. 寄生虫病**

【病原】体内：鞭毛虫或线虫等（图12-10）；体外：鱼虱等。

图12-10　患肠道寄生虫病的珍珠魟

【症状】体内感染寄生虫的病鱼表现为摄食不积极，逐渐双眼中间凹陷，尾骨凸起，日渐消瘦。体外感染导致鱼日益消瘦，重则伤口感染等。

【预防措施】平时注重做好预防工作，保持好的水质环境和食物洁净度。

【治疗方法】将水温度提高到30～32 ℃，在食物中加入适量的口服杀虫药（如阿苯达唑、吡喹酮、盐酸氯苯胍等）。

（文：刘奕，图：汪学杰）

# 孔雀鱼的健康养殖

孔雀鱼（*Poecilia reticulata*）英文名为 guppy，为世界最著名观赏鱼类之一，也是最早作为观赏鱼养殖的鱼类之一，世界上最早的孔雀鱼饲养的起因是防治蚊虫，这使得原产于中南美洲的孔雀鱼得以分布到全世界大部分地区。孔雀鱼有强大的新环境适应能力，喜欢群居活动，而且对于水质环境的要求较低，它也因此成为标准的新手鱼，是一种很有观赏性的鱼种。

孔雀鱼是卵胎生鱼的代表，繁殖力非常强，生长发育快，初次性成熟仅需 90～100 d，因此也被称为"百万鱼"。繁殖周期十分短，从幼鱼到性成熟具有繁殖能力仅需 2～3 个月。因此在改良形态、体色等方面，能很快看到成果。孔雀鱼会吃食同伴所生的幼鱼，甚至连自己所生的幼鱼也吃，因此培育时需特别注意怀孕的母鱼，适时隔离于阴暗处，并放于水草缸中待产，可获得最高的生产存活率及仔鱼收获率。孔雀鱼一胎可生产数十尾幼鱼，成熟且体格较大的孔雀鱼的生产数量可破百。

孔雀鱼作为观赏鱼有近 100 年的历史，引入中国有 35 年左右。在孔雀鱼人工养殖、培育的过程中，人工培育品种不断丰富，观赏价值稳步提升，品鉴标准日益完善。目前孔雀鱼稳定的品种有 20 多个，包括礼服、马赛克、草尾、剑尾、金属、蛇王等基本品系，不同品系均有各自的品系特征和鉴赏标准。

## 第一节 生物学特性与生活习性

孔雀鱼原产于南美洲的委内瑞拉、圭亚那、巴西北部等地，1859 年，被德国一位鱼类学者在委内瑞拉首都卡拉卡斯发现，1930 年被引进新加坡，并在新加坡发扬光大，被作为观赏鱼传播到全世界。

孔雀鱼成年个体体长 3～6 cm，有强大的新环境适应能力，而且对于水质环境的要求较低，因此是观赏鱼养殖新手的"入门鱼"。

## 一、生物学特性

孔雀鱼，学名 *Poecilia reticulata*，属辐鳍鱼纲 Actinopterygii、鳉形目 Cyprinodontiformes、花鳉科 Poeciliidae、花鳉属 *Poecilia*。孔雀鱼体延长，前部略呈楔状，后部侧扁。口小，斜裂，下位；口裂远不及眼前缘的下方。体被大型圆鳞；纵列鳞 26～28。雌雄鱼的体形和色彩差别较大：雄鱼身体瘦小，体长 3～6 cm，尾鳍宽大，尾柄加尾鳍长度约为全长的 2/3；雌鱼体长 6 cm，其尾柄加尾鳍共占全身的 1/2 左右，各鳍均较雄鱼的短。雌鱼的腹部膨大圆突。头部中大，吻部短小。眼大，侧位；眼间区及吻背颇为平直。雄鱼背鳍鳍条常会延长，雌鱼则小而圆，背鳍软条数 7～8；雄鱼的臀鳍第 3、4、5 鳍条特化而成一延长的交接器，交接器仅略长于腹鳍长，雌鱼则为正常的扇形，起点在背鳍起点略前，鳍条数 8～9；胸鳍鳍条数 13～14；腹鳍腹位，鳍条数 5；雄鱼尾鳍外形变异很大，随品系而有不同，雌鱼则大多呈长圆形。雄性孔雀鱼体由鲜红、朱红、橘红、黄、蓝、绿、紫、金、银、黑和白等艳丽色彩组成，体色变幻莫测，五彩缤纷，绚丽夺目。雌鱼的体色较单调而半透明，如同大肚鱼一般，较雄鱼体色逊色得多，多为单一银灰色，尾鳍上虽有一些花纹，均没有雄鱼的鲜艳。雌雄性孔雀鱼体型差别很大，其大致比例如图 13 - 1 所示。

图 13 - 1　一对同品种孔雀鱼

## 二、生活习性

孔雀鱼为杂食性小型鱼，栖息在杂草丛生的沟渠、水坑、池塘、沼泽等水体。其原始栖息地跨越 1 000 多 m 的海拔，从潮间带到海拔 1 000 m 以上的水体。能容忍宽的盐度范围，但需要较高的水温和有植被的平静水域，白天常聚集群游于水表层。仔鱼以轮虫、纤毛类、枝角类为食，成鱼摄食水生昆虫幼体、浮游动物、小型底栖动物、藻类及有机碎屑。适应温度为 16～30 ℃，适宜温度为 22～24 ℃，喜欢微碱性（pH 7.2～7.4）、中等偏高硬度（150～250 mg/L）水质。

繁殖力强，初次性成熟在 5—6 月，繁殖周期 4～5 周，在 18～28 ℃下全年均可繁殖，体内受精、卵胎生，每次产苗 10～59 尾。仔鱼出生即能自由生活。在饵料匮乏的情况下，亲鱼会吞食仔鱼。

## 第二节　品系划分及特征

狭义上的孔雀鱼品系，也就是一般意义上常讲的孔雀鱼品系，仅指一些身体和尾部颜色纹路的表现型，包括前面提到的礼服、草尾、金属、蛇王等。

广义上的孔雀鱼品系，将孔雀鱼品系的范围拓宽至所有表现型相同的孔雀鱼的总称，表现型的分类可以从多个角度，比如白化、尾鳍形态、尾鳍和躯干的颜色、尾鳍色斑和线纹等。原本不属于狭义品系论中品系的真/酒红眼白子（体色表现型），燕尾、冠尾等诸多尾型，玻璃体等，都属于广义品系论中的品系。一尾孔雀鱼，可以并且很可能属于多个品系。

孔雀鱼品系众多，现今为止应该有几百种，按照不同的标准，有不同的划分方式。一般来说有三种分类方式：花色品系、体色品系、其他变异品系。

花色品系是按照孔雀鱼尾巴颜色、纹路以及身体纹路来区分的，主要分为：礼服、草尾、蛇纹、马赛克、单色、白金、金属、日本蓝、古老品系、圣塔玛利亚等。

体色品系是按照孔雀鱼身体上的底色来区分的，主要分为：野生、黄化、蓝化、白化（白化为黑眼）、白子（红眼黄化或蓝化可与白子基因同时出现）。

鳍的变异一般按照尾鳍、背鳍、腹鳍以及胸鳍来划分。根据尾鳍的不同形状可分为扇尾、圆尾、矛尾、剑尾（双剑、顶剑、底剑）、三角尾等；而按照背鳍则有大背、延背；按照鳍的整体走势又可分为大 C、缎带、燕尾、冠尾等。

孔雀鱼品系太多，难以全部叙述，下面简单介绍几个主要常见品系：

### 一、草尾（grass）

尾巴上有细点，每一点之间没有连接。草尾孔雀鱼（图 13-2）是由水族专家人工改良出来的品种。该种类的花纹在所有孔雀鱼种类中最为纤细，伴 X 显性遗传，表现为尾部和背鳍不连贯的黑点状纹路（称为"喷点"），绝大多数草尾身上还有黑色的菱形斑块，菱形斑最好色深鲜明，尾背同色是基本，而黑色喷点更讲求均匀分布。它独有的特征在于身体上的黑色菱形斑且具有金属光泽，以及尾背上那与众不同的黑色点状分布。较宽大的背鳍也是草尾孔雀鱼的特征之一。草尾孔雀按尾鳍色泽不同，分成两种：一种是标准尾鳍的草尾，底色不拘；另一种则是玻璃尾，尾鳍较为透明，因而上面的喷点有种朦胧之美，犹如"纱丽"。

图 13-2　草尾孔雀鱼

## 二、马赛克（mosaic）

马赛克孔雀鱼（图 13-3），尾巴上有粗点，每一点之间相互连接，马赛克原指"镶嵌细工做成的物品"，在此却是形容孔雀鱼尾部的众多色彩和花样。伴 X 显性遗传，表现为尾部圈状、树根状或闪电状的黑色纹路，马赛克一般是由红、黑、蓝、黄镶嵌而成的色彩表现，在纹路上有斑点纹、环形纹与闪电纹等，关于纹路连贯与否并不是绝对的，尾鳍纹路鲜明才是重点，另外，背鳍是马赛克鱼种的一大弱点，若想有好的表现，那么背鳍越宽大越好，且纹路色泽和尾鳍一致。

图 13-3　马赛克孔雀鱼

## 三、礼服（tuxedo）

腰身与头部之间有明显以颜色区隔开来的礼服腰身，伴 X 显性遗传，表现为背鳍前端切线至尾根处有黑色或深蓝色色块，腰身呈深蓝色、青黑色或者纯黑色，而尾巴仍是其他颜色，这样的孔雀鱼被称为礼服。礼服孔雀鱼有很多，以黄礼服（图 13-4）最为常见，另外，蓝礼服、黑礼服、红礼服（图 13-5）也是比较常见的品种。

图 13 - 4 黄礼服孔雀鱼

图 13 - 5 红礼服孔雀鱼

## 四、单色（solid）

整条孔雀鱼的颜色单一，从头到尾皆为单一色系的体色表现，白话说就是
"红是红、蓝是蓝"，若在色泽表现上有任何杂斑的掺杂或色块不均等现象发
生，就表示此鱼已经称不上纯系单色。单色孔雀鱼其实是一个比较笼统的范
畴，通常来讲就是鱼体色泽干干净
净，不含任何杂色。单色孔雀鱼在众
多孔雀鱼之中也是一个比较大的品
系，比较常见的是全红（图 13 - 6）。
但是还有很多其他的品种，如莫斯
科蓝、莫斯科绿、孔雀白、全红黄
化、红尾白子等。通过对这些鱼的
观察，发现其实并不是身上没有杂
色就是单色，比如全红黄化，该鱼
的身体的前半部分基本呈现淡黄，

图 13 - 6 全红孔雀鱼

但是尾巴却是全红色的。因此有资料显示，所谓的单色是尾鳍为单一颜色的孔
雀鱼的总称。

## 五、蛇纹（king cobra）

也叫蛇王孔雀鱼（图 13 - 7），全身布满蛇形般的长条纹，这是一种粗细
大小介于马赛克与草尾之间的纹路。此外，蛇王孔雀鱼身体还会带金属色泽。
一般来说，蛇王的身体纹路越紧密越好，若出现明显纵纹，则属于基因弱化，
而尾背上的纹路则力求纹路分明。蛇王孔雀鱼在国内被称为眼镜蛇王孔雀鱼，
它有一个眼睛似的花纹（深蓝色点状花纹），与眼镜王蛇背部的花纹非常相似，

眼镜蛇王孔雀鱼也因此得名。一般来说，花纹既不过于粗犷、又不过于拘束，均匀地分布于全身的个体最为理想。蛇王孔雀鱼雌性与雄性的尾鳍颜色相同，但雌性略微淡一点。

图 13-7　蛇纹孔雀鱼

## 六、剑尾（sword）

尾巴呈现单剑、双剑，最大的特征在于尾鳍中央内缩，而上下两边的鳍条则往后延伸如同锐利的剑，该鱼也因此得名。单剑尾（图 13-8）又分为顶剑、底剑，而双剑（图 13-9）是剑尾系在市场上的主流。剑尾孔雀鱼与其他类型的孔雀鱼一样，鱼体形修长，后部侧扁，有着非常漂亮的尾巴。该鱼雌雄鱼的体型和色彩差别较大。雄鱼身体瘦小，体长 4～5 cm；雌鱼身体较粗壮，体长可达 7 cm 左右，体色暗淡，呈肉色，稍透明，背鳍和尾鳍的颜色较雄鱼逊色得多，且不呈现剑尾的尾形特征。

图 13-8　单剑尾孔雀鱼

图 13-9　双剑尾孔雀鱼

## 七、白金孔雀鱼

按照孔雀鱼身体纹理所分化出来的品系，属于孔雀鱼类别里受众面较广的品系之一（图 13-10）。白金品系孔雀鱼是一种极具观赏价值的孔雀鱼，其最为亮眼的地方在于鱼体的金属光泽，背部鳞片表现出金属亮泽，而在身体的整体颜色显现上，会有普通的金属反光的浅蓝色或者深蓝色，也因此白金品系孔雀鱼衍生出了闻名于孔雀鱼界的"美杜莎"及"银河"品种。白金品系孔雀鱼的主要特色为着重强调鱼体的特殊颜色，分为金色、银白色和白金色等金属色泽。白金品系的孔雀鱼的标准要求：鱼身上有成片白金色泽的鳞片覆盖，最好的是覆盖至胸鳍、背鳍、尾鳍。

图 13-10　白金孔雀鱼

## 八、玻璃种孔雀鱼

玻璃种孔雀鱼（图 13-11）也叫玻璃肚孔雀鱼，顾名思义它身体的腹部如玻璃一般，能看到体内的内脏。通常情况下，玻璃种孔雀鱼有全透明与半透明两种：全透明玻璃种孔雀鱼，指的是身体部分透明质占 50％以上的孔雀鱼，基本上内脏都能看到，这种类型根据品系的不同也分为很多种，如蓝白玻璃等；半透明玻璃种孔雀鱼，一般是指大多数白子雌鱼以及其他少数雌鱼个体，这种玻璃肚只有肚子是透明的，身体其他部位照常。

图 13-11　玻璃种孔雀鱼

# 第三节　健康养殖

孔雀鱼的养殖是全生命周期的，即包括出生、成长、成熟、繁殖全部生命过程，不论是爱好者的欣赏养殖，还是养殖场的商业目的养殖，皆是如此。

健康养殖是对商业性生产养殖而言，是指通过提供符合孔雀鱼生物学习性的养殖设施、食物、环境条件，实现水资源重复利用，少耗水、少排污、少生病、少用药的一种养殖方式。

## 一、环境与设施

### （一）环境

应选择有良好水源、空气质量良好、有公共电力网到达、交通便利、安静、无振动的非居民区。

养殖场所应避免太阳光直射，可设在房屋内或遮蔽阳光的钢棚内。

### （二）生产设施

"养鱼先养水"是中国观赏鱼业界的流行谚语，意思是要想把鱼养好，先要把水处理好。这句话也是健康养殖的基本要求，健康养殖对水的要求包括进水和排水两端，也包括养殖过程这个中间环节。

#### 1. 水源处理

水源处理是孔雀鱼健康养殖的首要环节。养殖孔雀鱼可用的水源包括自来水、地表水（江河、小溪、湖泊等）及地下水（井水）。不同的水源，水质情况有差别，处理的程序及所需要的设施设备也有不同。

笔者不主张用自来水养观赏鱼。自来水是一种有限的公共资源，在有些国家甚至是一种福利，把公共福利用于给自己赚钱，或者比别人占用更多的公共福利，是不道德的行为，甚至在有些国家是法律所禁止的行为。当然也不排除，在一些国家，自来水是由私人经营的一种生意，自来水用得越多，自来水公司赚钱越多，那么，在这些国家，用自来水养鱼不但不被禁止或谴责，甚至自来水公司老板可能想给你"送锦旗"。不同国家自来水的质量有差异，有些国家有两套自来水系统，一套是饮用级的自来水，可以直接喝的；另一套是不能饮用的，只能用于清洁和浇灌之类。不论这个国家的自来水系统有一套还是两套，凡允许用于养鱼的自来水，一般水质接近中性，水中含有消毒剂，几乎不含有机质，几乎不存在浮游生物。

在东南亚国家，如果在法律允许的前提下用自来水养孔雀鱼，建议首先检测一下水质，或者如果能查找到自来水公司公开的水质数据，了解一下自来水的 pH、硬度、氯离子或次氯酸根离子浓度、化学需氧量（COD），可以帮助你判断用这样的水养孔雀鱼，是否需要预处理，以及如何处理。

按照一般的认识，妨碍我们直接把自来水放进鱼缸的主要是残余的消毒剂，在中国我们称之为余氯或残氯，因为中国的自来水都是用漂白粉或二氧化氯进行杀菌消毒的，而通过管道到达居民家庭自来水龙头的时候，残余的氯离子或次氯酸根离子的浓度，仍然足以在 24 h 内杀死大部分鱼类。所以用自来水养鱼之前要有一个"曝气"的操作，原意是在阳光下让水中的气体挥发，而实际操作是将自来水放进敞口的容器当中，向水体泵入空气，激发水体，使其中的残氯更快挥发。当然如果有阳光照射，这个过程会加快，但是现在更多的是在室内进行曝气。

所以，自来水作为养殖孔雀鱼的水源，最简单而必要的处理是，用一个蓄水池，水泥、硬质塑料、玻璃钢为材料的水池都可以，其容积应不小于养殖场 1 d 的用水量，池底放一些（体积相当于蓄水池水体的 1% 左右）石灰石或珊瑚砂，配备一个功率适当并连接适量气石的气泵，气泵的功率按每立方米水体 2～5 W 配置。

以地表水作为养殖孔雀鱼的水源，需要进行的处理包括：杀菌杀藻消毒、固形物的滤除、氮化合物的滤除、酸碱度（pH）的调整（通常是增碱性）、硬度的调节（增加硬度）等。所以通常要建两个水池用于水源的处理。首先是杀灭各种微生物，可以用消毒剂（通常是漂白粉、二氧化氯等氯制剂）、臭氧（$O_3$）或紫外线杀菌灯，同时水中加入少量明矾［硫酸钾与硫酸铝复合物结晶，又称硫酸铝钾，化学式 $KAl(SO_4)_2 \cdot 12H_2O$］，使水体中的部分固体沉淀下来，接下来，用致密的滤布，或者再加上沙滤、活性炭吸附，滤除水体中的悬浮固体。然后，用另一个水池进行生物净化，与循环养殖系统中的生物净化部分基本相同，就是利用水泵制造水流，使水不停地从生物滤材表面和内部的缝隙和孔洞经过，让附着在滤材内外表面的硝化细菌处理水体中的氮化合物。最后，由于东南亚地区的地表水常为弱酸性，不是孔雀鱼最喜欢的弱碱性水质，水的硬度也不够，所以可以在生物净化池中放一些（体积相当于蓄水池水体的 1% 左右）石灰石或珊瑚砂，使水的碱度和硬度都得到小幅度的提高，成为孔雀鱼最适应的 pH 7.2～7.5、硬度 150～250 mg/L 的水。如果酸碱度和硬度提高的幅度不够，可以添加适量的生石灰。

井水因水来源的地层不同、地层土壤岩石的性质不同，水质差异很大，如果用井水作为孔雀鱼养殖水源，使用前一定要检测，检测的主要指标是 pH、硬度、化学需氧量、金属离子总量等。可以根据水的颜色、气味初步判断是否需要检测铁离子、铜离子等，如果有很强烈的气味，恐怕不需要做检测就可以直接否定了。如果没有条件做详细的检测，至少可以检测一下 pH、硬度、透明度，然后，装一大桶水，放几条便宜的孔雀鱼，观察 24 h、48 h 的生存状况。当然，能养活不代表就是合格的水，井水是不是好，还需要更长的时间来证明。

井水一般不需要杀菌杀藻，如果检测合格，那么可以建一个蓄水池，容积不小于 1 d 的用水量，然后像处理自来水那样去曝气，给井水曝气的主要目的是增氧及平衡水温。

**2. 养殖后的水处理**

养殖孔雀鱼基本上都是用小型鱼缸，这些小鱼缸不适合用单缸循环过滤的方式，有少数鱼场会采用多缸共用循环净化系统的方式进行水处理和循环利用，这其实和养殖后的水处理在设备、工作原理、技术路线、处理效果等方面是一样的，只是处理的范围不同、处理后水的去向不同而已，而这两种不同只要在管道、阀门上稍作处理，就可以随时转换，所以在此不对养殖中的循环净化作专门介绍。

处理养殖孔雀鱼的排放水，比较科学、经济、环保的方法是：首先把养殖场所鱼缸排出的水集中起来。然后将这些水输送到一片湿地，这片湿地有土壤层、沙滤层，土壤层可以种菜、观赏植物或者专门用于净化水土的植物，也可以用水层取代土壤层，水层上面用植物浮床种植水培植物。经过沙滤处理之后，水被引入净化池，在净化池经过杀菌处理后，进入生物净化环节，在生物净化池经过 1 d 处理后，经检测，水质达到当地排放标准，就可以排放到自然水体中。

实际上，达到排放标准的水多半可以养鱼，可以检测、调整，然后把这些水转入水源处理池，重复利用。

**3. 养殖容器**

养殖孔雀鱼的容器大体有 2 种，一是鱼缸，二是水泥池（或硬质塑料、玻璃钢制作的水池）。

水泥池实际上在孔雀鱼生产中应用较少。中国曾经有一段时间有较多用水泥池养殖孔雀鱼的情况，没有循环净化装置，水比较肥，有一些孔雀鱼的天然饲料，但是后来发现繁殖量不大，因为成年鱼会吞食新生的幼苗，而且水泥池生产的鱼质量没有保证，只能养低档品种，所以后来较少采用了。

孔雀鱼养殖不同阶段所用的鱼缸大小不同。交配用缸 18 L 左右；产卵（稚鱼）用缸 12 L 左右；刚出生到 30 d 大的稚鱼饲养缸为 12 L 左右的鱼缸，容纳仔鱼 60 尾左右；30~75 d 大的幼鱼用 50~100 L 的鱼缸。所以，实际上养殖孔雀鱼所用的鱼缸通常只有 3 种规格，即 12 L、18 L 及 50~100 L。

鱼缸一般配一个空气驱动生化棉过滤器（俗称水妖精），承担净化水和增氧两项功能。

由于孔雀鱼鱼缸很小，水温受周边环境影响较大，变化较快，因此这些小鱼缸通常被安放在相对封闭的空间内，用金属支架多层摆放。

有些孔雀鱼养殖场会采用循环水养殖模式，每个鱼缸连接一个滴流式进水管（或者小口水龙头），一定区域内由一个高位蓄水池通过管道不停地给一个鱼缸加入微量的新水，同时每个鱼缸有一个溢流口，溢流出的水汇集到净化池，经过净化后再次用于养殖。

## 二、繁殖

### （一）亲鱼挑选

雌雄鉴别：雄鱼体短，背鳍较大，性成熟的雄鱼具有明显的交接棒；雌鱼体长，腹部膨大，性成熟的雌鱼近肛门处出现黑色斑。

雄鱼要身体短，尾鳍夹角大，体形匀称健壮，尾柄肥大，追逐雌鱼，充满生命力。雌鱼要看尾鳍的形态、颜色等，要身体长，腹部较大。孔雀鱼的雌鱼只要交配一次，其产下的仔鱼遗传性就会受到首次交配雄鱼的影响，更换雄鱼，仔鱼遗传性也不易改变。因此雌鱼要选购从未交配过的。

### （二）配对繁殖

亲鱼培育雌雄比例为 1∶1，雌雄同箱培育。亲鱼培育宜选择小型水族箱，水质为弱碱性，硬度 150～200 mg/L，水温保持 24～26 ℃。

亲鱼培育期间保持水质优良、水温稳定。投喂丝蚯蚓、红虫、丰年虫等鲜活饵料，坚持少量多餐，加强亲鱼的营养，保持亲鱼体质健壮，降低产后亲鱼吞食仔鱼的风险。

同箱培育的雌雄鱼交配以后，最好把雄鱼捞出，分箱养殖。受精后的雌鱼腹部会愈来愈大，腹鳍附近的黑斑也越来越明显，接近产仔的雌鱼会在水族箱的角落不停上下游动，此时应把雌鱼放入产仔用的产仔箱中待产。

产仔箱最好在产仔前 1 d 蓄水，安放好生化棉过滤器。繁殖经验丰富的也可靠准确掌握生产时间，在亲鱼产完后及时捞出亲鱼与仔鱼分开养殖。

健康的雌鱼 21～25 d 为一个繁殖循环期，初产时产苗 10 尾左右，第二次 20～30 尾，第三次 30～50 尾，也有一次能产将近 100 尾仔鱼的雌鱼。雌鱼产后应放入另一水族箱中休息恢复体质。

## 三、苗种培育

刚产下的幼鱼体长 0.8～1 cm，已能自由游动、开口摄食。应单独设置幼鱼缸进行培育，幼鱼缸应选用体积在 12 L 左右、配有加热棒，也可根据需要配置充气头。由于饵料微小，鱼苗缸初期不宜配置生化棉过滤器。

刚生下的幼鱼可投喂枝角类（又称鱼虫、红虫）、人工孵化的丰年虫等鲜活饵料；也可在鲜活饵料不足时投喂粉状配合饲料。投喂时要少量多次，不宜投喂过饱，每次投喂间隔 3 h 以上，每天投喂 3～4 次。粉状配合饲料不宜长期投喂，且对剩余粉状饵料要及时排污。幼鱼经 20 d 左右饲养可摄食较大的丝蚯蚓活饵料。

幼鱼饲养保持水温稳定很重要，因幼鱼体质较弱，水温过低或急剧变化易产生病害引起死亡，水族缸中应配有加热棒，在水温低时加热保持水温稳定，幼鱼培育期水温应保持在 26 ℃左右；水族缸中还可根据需要配置充气头增氧，保持溶解氧充足；及时排污，保持水质清新；除了注意营养均衡外，也要避免水质恶化，可以滴几滴亚甲基蓝于养殖缸中，以达到疾病预防的效果；随着鱼的生长及时减低养殖密度，分缸养殖；每天观察幼鱼的吃食、活动情况，发现病鱼要及时捞出并立即治疗。

## 四、成鱼养殖

成鱼养殖缸的容积可选择范围较大，50～100 L 均可。在水族缸底部铺沙，种植一些水草。缸中配置加热棒、过滤器。孔雀鱼适宜的放养密度为：50 L 体积的鱼缸一般放养 30～70 d 成鱼 20 尾左右；100 L 体积的鱼缸一般放养 40～50 尾。

孔雀鱼出生经 20 d 进行第一次筛选，淘汰畸形及发育不良的鱼苗，并将雌雄鱼分缸养殖。以后每隔 25～30 d 筛选一次，将发育不好、体形颜色不对、畸形等残鱼尽早逐步淘汰。养殖 90～100 d 后，性腺发育成熟就可作为亲鱼挑选备用。

孔雀鱼成长阶段应饲养在有光照处，光照可有效增强其身体鳞片上的霓虹光泽。成鱼生长适温范围为 20～28 ℃，水质以弱碱性硬水为好。

成鱼可投喂人工配合饲料和鲜活饵料，日投喂 2～3 次。鲜活饵料有丝蚯蚓、红虫、丰年虫、草履虫等，但鲜活饵料不易保存、来源得不到长期保障。人工配合饵料应注意适口性，其颗粒大小应适合不同规格鱼体。孔雀鱼在黑暗的环境下会停止摄食，所以在夜间停止照明后不要投喂。

换水间隔视水质状况而定，一般养殖 5～7 d 换水 1 次即可，如果要求孔雀鱼长得好而大，换水频率应为每天 1 次或隔天 1 次，每次换水量 1/4～1/2，并及时清除残饵和排泄物。

换水量过大或新水加入太急易引起环境急剧改变，使孔雀鱼不适应并耗费大量体力来适应新的环境。

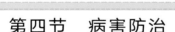

# 第四节　病害防治

## 一、病害防治策略

孔雀鱼的大部分疾病由四大因素引发：①水质。恶化的最大原因是投饵过量所引起的水污染以及过滤器污秽所引起的有害质的积存。只要每日的投饵适量、适当清洗过滤器、适当换水就可防止水质恶化引发疾病。切勿大量换水，这样对孔雀鱼会有伤害。另外，如果过度清洁过滤器，会洗掉依附在上面的硝化细菌，从而导致水质恶化。②水温。孔雀鱼属于变温动物，会随着周围环境的温度变换体温。水温过高或过低都有碍鱼体机能的正常运转，特别是水温的骤然上升或下降，对孔雀鱼有极大的伤害，因此孔雀鱼要放在相对封闭的空间内养殖。③触鱼。孔雀鱼个体小、皮肤薄、易损伤，受到外伤后极易被细菌感染，所以捞孔雀鱼用的抄网应柔软、网目要小，捞鱼的动作不可过于猛烈。如果直接用手捞鱼，应避免指甲损伤鱼体。④传染。在现实中，传染往往是孔雀鱼发病的最主要原因。新购入的孔雀鱼，一定要先消毒，再隔离观察三五天，确定无病症再放入。

## 二、主要疾病及其防治

### 1. 白点病

【病原】小瓜虫，是一种原生动物。

【症状】小瓜虫是在较低的水温环境繁殖生长的传染性寄生虫，主要寄生在鱼类的皮肤、鳍、鳃、头、口腔及眼等部位，形成的包囊呈白色小点状，肉眼可见。严重时鱼体浑身可见小白点，故称白点病。它引起体表各组织充血，鱼类感染小瓜虫后不能觅食，加之继发细菌、病毒感染，可造成大批鱼死亡，死亡率可达 $60\%\sim70\%$，甚至全军覆没，给养殖生产带来严重威胁。

【治疗方法】当水温升至 28 ℃时，小瓜虫会停止发育乃至逐渐死亡。因此，发现孔雀鱼有白点病时，可采用换水加盐加温的办法进行治疗，即先换一半的水，然后按照饲养水的体积加入 3 g/L 的海盐，最后将水温提高到 $30\sim32$ ℃，一般 $3\sim5$ d 后即可见效。

### 2. 水霉病

【病原】水霉菌，一种真菌。

【**症状**】水霉寄生于体表而使体表有棉絮状白毛，不久蔓延至全身而腐烂皮肤，病情进行时水霉繁茂部分甚至会腐烂掉落。患病中期以后病鱼会失去食欲，游水也欠活泼，不久将会死去。

【**诱发病因**】体表的伤口或锚虫、鱼虱等寄生所引起的伤口，在水温较低时受到水霉菌侵袭。

【**防治方法**】①用 1%～2% 的食盐溶液加少量利凡诺（使水呈淡黄色即可）浸浴数日至水霉消失。②提高水温至 28 ℃ 以上，水体中加入亚甲基蓝使其浓度达到 2～3 mg/L，可有效控制此病蔓延。③此病通常是二次感染，在操作中避免外伤是预防的关键。

3. 竖鳞病

【**病原**】又名立鳞病、松鳞病等，病原为水型点状极毛杆菌。

【**症状**】病鱼全身鳞囊发炎、肿胀积水，鳞片因此几乎竖立，鳞片之间有明显缝隙而不像正常鱼的鳞片那样紧贴，整条鱼看上去比正常的鱼肥胖很多。

【**诊断方法**】鱼全身的鳞片不紧贴身体，看上去鳞片之间有明显的缝隙，可以确诊为竖鳞病。关键点是，竖鳞是全身性的，其他的炎症可能造成局部鳞片松散，那不能算竖鳞病。

【**预防措施**】

① 经过长途运输的鱼要进行体表消毒。

② 尽量避免水温起伏。

③ 保持良好水质，避免氨氮、亚硝态氮超标。

【**治疗方法**】

① 3% 食盐水浸泡鱼体 10 min，每天 1 次，连用 3 d。须注意有些鱼类不能承受，浸泡时要注意观察，随时终止。

② 碘制剂（包括季铵盐碘、聚维酮碘、络合碘等）泼洒水体，含有效碘 10% 的该药物使用剂量为 0.5 g/m³，隔天再用 1 次。

③ 水体泼洒漂白粉 1 g/m³，或二氧化氯或二氯异氰脲酸钠或三氯异氰脲酸 0.2～0.3 g/m³，隔 2 d 再施用 1 次。

④ 氟苯尼考或磺胺二甲嘧啶拌饲料投喂，药量按每千克鱼体每天 100 mg。

4. 烂尾症

【**病原**】气单胞菌。

【**症状**】从尾鳍开始附着黄白色黏着物，不久，再蔓延至各鳍，并渐次糜烂。尤其病情进行时，鳍部会呈烂腐状，甚或断落尾鳍。病鱼因而食欲大减，不久连肌肉也被侵腐而衰弱致死，故有必要及早治疗。发病雄鱼较多，是其特征。感染途径为伤口，而受伤原因大部分是鱼之间的争斗，粗鲁的接触所引起的居多。

【治疗方法】用浓度为 3％ 的盐水泡 10 min，每天 1～2 次，并且保持饲养水质良好，过几天坏死组织就会自然脱落。

（文：宋红梅，图：汪学杰）

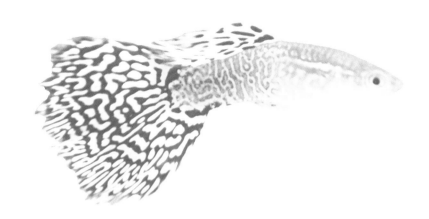

# 异型鱼的健康养殖

异型鱼类通常是指甲鲶科一类鱼，这类鱼口部有吸盘、体表坚硬、头部扁平，因其独特的形态被称为异型鱼。甲鲶科鱼类原产于南美洲亚马孙河流域，共有 7 亚科、116 属、1 563 种，是鲶形目中最大的科，也是淡水鱼物种数量最多的七大科之一。

据初步估计，共有 600 余种甲鲶科鱼类被开发为观赏鱼。在其原产地，异型鱼主要作为食用鱼。20 世纪，部分德国水族从业者寻找可以清除鱼缸中藻类、排泄物、残饵等有机物的功能性鱼类，异型鱼类因其食性特点被选为"鱼缸清洁鱼"，引进了翼甲鲶属（*Pterygoplichthys* spp.）、筛耳鲶属（*Otocinclus* spp.）等，彼时异型鱼只是水族缸中的附属功能性鱼类，并未在水族爱好者中流行。

20 世纪后期，异型鱼可"飞檐走壁"的吸盘嘴、如古代战士身披战甲的骨板、荆棘般的棘刺等与其他淡水观赏鱼截然不同的独特形态，满足了水族爱好者追新求异的好奇心。不管是喜欢色彩绚丽、娇小可爱，还是气势磅礴，玩家都能找到心仪的异型。这些特性使异型鱼目前已成为观赏鱼中一个重要的分支。

异型鱼类开始流行后，新的种类不断被发现，在来不及命名的情况下，德国权威水族杂志 *DATZ* 于 1988 年将市面上各种甲鲶科鱼类以其发现的先后顺序，从 L001 开始，赋予不同外形的异型一个编码。此外，Erwin Schramly 在另一本德文杂志 *Das Aquarium* 中，另建立了一套 LDA 编号系统，介绍一些新物种，且不与 L 编号系统重复。由于未经严格的分类学研究，这两套系统也存在一定的局限性。

随着异型鱼在国际上的流行，加上东南亚地区优越的气候和水资源条件、完备的热带观赏鱼繁育设施和条件以及国际观赏鱼贸易中转站等条件，异型鱼的贸易将在东南亚占据一席位置。本章将简要介绍异型鱼常见类群的生物学特性和生活习性，详细介绍胡子类和坦克类异型的健康养殖技术，为异型鱼的繁育和养殖提供参考。

## 第一节 原生生境、生物学特性与生活习性

### 一、原生生境

异型鱼不是一种鱼，而是甲鲶科（Loricariidae）这类鱼的商品化统称。甲鲶科鱼类具有高度专化的形态特征，在鲶形目的分类系统中被认为是一个单系组合，可以认为它们由一个共同的祖先演化而来。

甲鲶科广泛分布于安第斯山脉的东西两侧，但大多数物种的分布范围较小，主要栖息于南美洲的淡水生境中，*Loricariines* 和 *Hypostomines* 的一些种类在巴拿马地区有分布，另外还有两种原产于哥斯达黎加。甲鲶科物种可以栖息于多种生境，从低地到海拔 3 000 m 的高地、黑色或澄清的水域、急流、浅滩、深潭、沙砾、岩缝、枯木等垂直或水平的微生境中，均可发现甲鲶科鱼类的身影。甲鲶科鱼类主要栖息地类型包括：①安第斯山脉河流，通常流速急、水温低、水位低，河床多为鹅卵石和岩石，达摩类异型多栖息于该种生境；②急流水域，地形落差大，河流水量具有季节性，水质清澈，老虎类、斑马类异型多栖息于此类生境；③低地河流，地势平缓，河流宽而缓，昼夜水温差大，营养丰富，是大型异型鱼如琵琶类、天使类、皇冠豹类栖息的场所；④森林河流，具有高度隐蔽性，水中的枯木、树根及附着其上的藻类为胡子类、小剑尾类和小坦克类提供了丰富的食物；⑤河滨沙洲，在枯水季节出现，平坦开阔，是直升机类栖息的场所；⑥河滨植被带，阳光充足、水质清澈，多为直升机类和小精灵类的栖息场所。

### 二、生物学特性和生活习性

#### （一）形态特征

异型鱼形态各异，鼻、吻部、唇须、口器和牙齿、鳃棘球、眼睛及体表花纹差异较大，也是观赏和鉴定物种的主要依据。甲鲶类的头部特征见图 14-1、图 14-2。

鼻孔是嗅觉和触觉器官，异型鱼的鼻孔上覆盖了一层鼻盖膜，可以将流动的水流导入前方的入水口，这一特征与异型鱼活动力较弱且对嗅觉器官的依赖度较高有关。

唇须是异型鱼的味觉器官，不同的异型鱼唇须明显不同，与其食性、栖息环境和吸食行为密切相关，一般来说，食性为附着性、腐殖质等活动

性不强的食物的异型鱼唇须不发达，而栖息于光线不足环境中的异型鱼唇须发达。

图 14-1　豹纹翼甲鲶的头部

图 14-2　一种棘刺甲鲶的头部

口器和牙齿的变化与食性相关，如栖息于急流生境、食藻鱼类的吻部和口的直径较大，肉食或杂食性鱼类吻部略呈管状、口径较小。

棘球是异型鱼特有的特征（图 14-3），由鳃盖演化而来，可以转动和外翻，在呼吸和防卫方面具有重要的作用。

眼睛是视觉和感光器官，异型鱼的角膜、虹彩膜和水晶体之间有一层瞬膜，可以调节进入眼睛的光量，因此异型鱼的眼睛会随光线亮度而变化。

与其他鲶形目鱼类不同，异型鱼的体表由一层粗糙的骨板覆盖，是一种由

图 14-3　异型的棘球

造骨细胞发育形成的骨鳞，每个骨板末端有长短不一的棘刺，这些特殊的构造与其栖息生境有关，异型鱼多栖息于生物多样性高的亚马孙河流域，且许多环境是其他鱼类无法利用的生境，这些特征能够起到自我防护的作用。

体表花纹和色彩的变化是异型鱼最为迷人之处，有些异型鱼在不同发育阶段色彩不同，在光线不同的环境中体表颜色也会出现变化，因此在商业化养殖中异型鱼体色不一定与其自然体色相同，因此较难根据体色鉴定物种。体表花纹可分为五种类型：斑点状、斑块状、条纹状、迷路状及单色状，这些条纹以单一或组合的形式出现在一种鱼上，一些研究也利用腹部的花纹形态来分辨不同的翼甲鲶属鱼类。图 14-4 和图 14-5 显示了豹纹翼甲鲶的两种不同腹部花纹。

图 14 - 4 豹纹翼甲鲇的腹部花纹（Ⅰ）　图 14 - 5　豹纹翼甲鲇的腹部花纹（Ⅱ）

鳍条是重要的分类特征，背鳍硬棘和软鳍的数量通常是鉴定物种的重要特征（图 14 - 6），如天使类异型的鳍条一般为 7～8 枚，而琵琶类异型一般为 11～14 枚。值得一提的是，异型鱼的胸鳍是观赏的重要特征，同时，坚硬的胸鳍及硬棘刺也是争斗的利器。

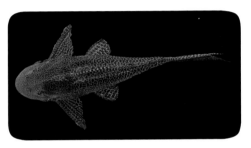

图 14 - 6　甲鲇的背部

## （二）呼吸特性

甲鲇科鱼类通常能够栖息于其他鱼类无法利用的生境，如浅滩等缺氧环境，因此甲鲇科鱼类除了靠鳃呼吸外，它们的肠道有一个特化结构可以呼吸空气。一般来说，水体中的氧气经过鳃之后与血液结合供身体维持机能。研究发现，甲鲇科鱼类在常氧情况下，氧气与血液的亲和度较低，而在缺氧环境中，血液和氧气的亲和度显著增强，鳃通气率和代谢率降低，这可能是甲鲇科鱼类能够适应低氧环境的重要特征。另一方面，甲鲇科鱼类的胃位于心脏和幽门区，胃壁薄而透明，单层鳞状上皮下有致密的毛细血管网，大多数细胞表面分布着短的微绒毛。胃黏膜层有两种类型的上皮细胞，类似于空气呼吸器官的上皮细胞，即 1 型上皮细胞类似哺乳动物肺中的Ⅰ型肺细胞，扁平，有一个大的细胞核，在下面的毛细血管上延伸出一层薄薄的细胞质；2 型细胞与哺乳动物Ⅱ型肺细胞相似，在不同的成熟阶段具有大量的线粒体、发育良好的高尔基体复合体、粗面内质网和大量的板层体。从这些特征可以看出甲鲇科鱼类的胃部适合从空气中摄取氧气。

## （三）繁殖特征

甲鲇科鱼类雌雄外在特征分化不明显，一般是根据鳃棘刺长短、体刺、体形差异及泄殖腔差异来分辨，但新手也有较大概率判断错误。鳃棘刺方面，老虎类和皇冠豹类较为明显，雄鱼具有明显的鳃棘刺；体形差异方面，迷宫类和老虎类较为明显，一般来说，从俯视角度，雄鱼略呈倒三角状，身体细长，雌鱼体形圆润，身体呈方块状；泄殖腔的差异是最有效的雌雄辨别方式，一般来说，雌鱼泄殖腔呈管状，雄鱼为圆锥状。

甲鲶科鱼类在繁殖时，有筑巢行为，一般由雄鱼完成，雌鱼产卵后，由雄鱼守护至孵化。亲鱼的繁殖需要有合适的条件，包括光线、水压、水温、水流及必要的基质，但在人工环境下比较难掌握诱导亲鱼繁殖的条件。在自然环境中南美的鱼类多在雨季来临前进行繁殖，因此，模拟雨季来临前的光线和水压变化，将有利于促使亲鱼繁殖，但这不是一件容易成功的事情。而基质的构造比较容易实现，可利用沉木、陶管、瓦片、石块、PVC 管等构造适合其繁殖的环境。

## 第二节  品系划分及特征

异型鱼品系主要依据其所在的属来划分，一共可分为 34 个类群。

### 一、坦克类

坦克类（图 14-7）是假棘鲶属（*Pseudacanthicus*）异型鱼，是国际上流行甚广的异型鱼。体型较大，成鱼最大可达 40 cm。全身长满棘刺，上下唇长满橘红色的牙齿。力气较大，与同类争斗时常使鱼缸中的造景震动，故得名"坦克"。代表性物种包括帝王血钻异型（*Pseudacanthicus leopardus*）、绿裳红剑尾坦克异型（*Pseudacanthicus pitanga*）、格玛橘边坦克异型（*Pseudacanthicus spinosus*）等。

图 14-7  坦克类（红尾坦克）

## 二、胡子类

胡子类是勾鲶属（*Ancistrus*）异型，是甲鲶科中种数较多的属之一。中等体型，最大体长约为15 cm，其头端有树枝状的"胡须"，其实是一种感觉器官，且具有倒钩型鳃棘球。代表性物种包括三角锥大胡子异型（*Ancistrus ranunculus*）（图 14 - 8）、白边白珍珠大胡子（*Ancistrus dolichopterus*）、圭亚那星钻大胡子（*Ancistrus hoplogenys*）等。

图 14 - 8　三角锥大胡子异型
（由科朗水族提供）

## 三、斑马类

斑马类是下勾鲶属（*Hypancistrus*）异型，在水族市场中知名度较高。多为中小型品种，最大体长 10～15 cm。上下唇各有两小排呈倒钩状的牙齿。部分种类身上有明显的条纹状或迷路状黑白斑纹，似熊猫或斑马。斑马类最著名的是熊猫异型（*Hypancistrus zebra*）（图 14 - 9），这是许多人对异型鱼的第一印象，因被列为濒临灭绝动物而被禁止捕捞和出口。

图 14 - 9　熊猫异型

## 四、迷宫类

迷宫类异型（图 14 - 10）实际上可以看作是斑马异型的分支，与斑马异型一样是下勾鲶属（*Hypancistrus*）的种类，基本是 15 cm 以下的中小型鱼类，形态与斑马类几乎一样，条纹有一些差别，此类的条纹多为曲线，并且线条很细。代表种类国王迷宫（*Hypancistrus sp.*），分布于南美洲巴西帕拉省申古河流域。

图 14 - 10　迷宫类异型

## 五、老虎类

老虎类属勾鲶属（*Peckoltia*）异型，是最早进入水族玩家视野的异型。中小体型，最大体长 10～15 cm。上下唇有两排白色片状牙齿。杂食性，性情温和。代表性种类有陶瓷娃娃（*Peckoltia braueri*）、黄帆白老虎（*Peckoltia cavatica*）等。

## 六、皇冠豹类

皇冠豹类属于巴拉圭鲶属（*Panaque*）异型，是水族市场的元老之一。大体型，最大体长约为 40 cm。皇冠豹类经常张开全身的鳍，瞪大眼睛，弓起背脊，有气宇轩昂之英姿。体表粗糙，但无棘刺。代表性物种包括申古皇冠豹（*Panaque tankei*）、木纹皇冠豹（*Panaque armbrusteri*）（图 14 - 11）等。

图 14 - 11　木纹皇冠豹异型

### 七、琵琶类

琵琶类是翼甲鲶属（*Pterygoplichthys*）异型，是一种"平民"异型，在水族圈可以说无人不知无人不晓，但也饱受争议，因为琵琶类在全世界多个国家和地区出现了逃逸并在自然水系中建立自然种群。琵琶类性情温和，生长快，适应性强。代表性物种有豹纹翼甲鲶（*Pterygoplichthys pardalis*）（图 14 - 12）、申古型皇冠琵琶异型（*Pterygoplichthys gibbiceps*）、金点琵琶异型（*Pterygoplichthys joselimaianus*）。

图 14 - 12　豹纹翼甲鲶

## 第三节　全周期健康养殖

### 一、胡子类异型

胡子类的异型鱼主要是南美造景缸的清洁工具用鱼，因其杂食性并有吸盘式的口器，经常刮食鱼缸壁及石头等造景物表面的藻类和杂质等。个体较小，通常在 15 cm 以内，宽大的头部背面有长短不一、直或分叉的丛状胡须，形态独特，深受欢迎。也有爱好者单独赏玩此品种。

#### （一）水质环境与鱼缸设施

胡子异型大多生活在水流较急、水质清新、底部多石头和木块等沉积物的热带河流水域。酸碱度（pH）7.2～7.8，温度 23～28 ℃，水深 30～80 cm，溶解氧充足，水流需求较高。它们喜躲避于石缝和树洞内，有配对洞穴内繁殖的习性，雄鱼护卵护幼。人工养殖可用长 1～1.5 m、宽 0.5～0.8 m、水位 0.3～0.8 m 的鱼缸，用木头、石块、陶瓷躲避屋等造景。过滤系统需要较大流量的水泵在缸内制造一定的水流，水质保持清新。可与灯科鱼、盘丽鱼、短鲷类、燕鱼等中小型鱼类混养。

### （二）繁殖

以市场流通量比较大的黄金大胡子为例。人工繁殖可采用配对繁殖或水泥池群体繁殖两种模式。

**1. 配对繁殖**

选择鱼龄 1.5 龄以上，雄鱼体长 10～12 cm、雌鱼体长 7～8 cm，胡子明显，顶端开叉（母鱼通常不开叉），体壮无伤的个体作亲鱼。繁殖缸要求长 0.4～0.6 m、宽 0.35～0.5 m、水深 0.3～0.4 m，放养 1 对亲鱼。缸内放置 1 个专用的繁殖罐、1 块躲避砖或瓦片，用 1 个流量 1 000～1 200 L/h 的潜水泵，做上部生化环或生化棉滴流过滤。缸内用气石增氧，使水面呈微沸腾状。水温保持 26～30 ℃，pH 7.2～7.5。每天投喂 1 次，以沉性高蛋白配合饲料为主，辅以血虫、丰年虾、藻片等。每天定时吸底换水，根据季节变化换水量 1/3～1/2，冬季少换、夏季多换，以刺激发情交配。夏天可以降温刺激法促进发情。进入繁殖期并稳定生产的黄金大胡子种鱼平均 15～20 d 繁殖 1 次，每窝有 20～50 枚受精卵不等。

**2. 群体繁殖**

可在室内或农用薄膜半遮阴大棚内，选择 3～5 m²/个大小的水泥池，水深 0.3～0.5 m，每平方米放置 20～30 尾亲鱼。布置足够数量的躲避屋和繁殖罐。可将达到渔业水质标准的地表水或地下水经过曝气和同温后静置作储备用水。养殖池可设置长流水或种植不超过一半水面面积的浮水植物，每天定时更换一定水量，保持水质良好。做好增氧，无需过滤系统。每天投喂 1 次，饵料同配对繁殖。水温保持 24 ℃以上，达到 26～30 ℃时要勤观察，定期检查繁殖罐，及时收集鱼苗。

## 二、坦克类异型

### （一）水质环境与鱼缸设施

坦克类异型大多分布在亚马孙河流域，水深从几米至二三十米处均有分布，喜欢栖息于水流湍急、酸碱度中偏碱性、溶解氧丰富、底部充满沙石和腐木的河段。以刮食沙石面的藻类和附着物为主食，也食用水生昆虫、植物茎叶、腐肉等。坦克类异型底盘意识强，发情时配对和占地盘打斗凶猛。在石缝或腐木内做窝繁殖，雄鱼有护卵护幼行为，雌鱼一次可产过千枚受精卵。家庭赏玩通常用大型水族缸，用石块和沉木造景，单独对饲养，也可与大型慈鲷科、鲿科、盘丽鱼等体型较大的鱼类混养。

### （二）繁殖

由于坦克类异型个头大，性凶猛，地盘意识强，通常采用水族缸配对繁殖。

以 L24 红尾坦克为例，选择鱼龄 2 龄以上、背鳍及尾鳍端部红色较好的个体作亲鱼。雄鱼体长 35 cm 以上，背观体态修长，胸鳍粗大，端部棘刺及尾柄两侧棘刺明显，泄殖孔较长，顶端三角锥状；雌鱼体长 30 cm 以上，背观整体较短，腹部较圆，胸鳍较细，棘刺不明显或没棘刺，泄殖孔较宽大，顶端钝圆。

繁殖缸要求长 1.2～1.5 m，宽 0.5～0.8 m，水深 0.4～0.8 m，放养 1 对亲鱼。缸内放置 1 个专用的繁殖罐，用砖石或者大型沉木设躲避物，用 1 个流量 1 500～2 000 L/h 的潜水泵，做上部生化环或生化棉滴流过滤。缸内用气石增氧，使水面呈微沸腾状。水温保持 26～30 ℃，pH 7.2～7.5。每天投喂 1 次，以沉性高蛋白配合饲料为主，辅以少量新鲜虾肉、血虫、藻片等。投喂量以体重的 1.5%～3% 为宜。每天定时吸底换水，根据季节变化换水量 1/3～1/2，冬季少换、夏季多换，以刺激发情交配。夏天可用降温刺激法促进发情。进入繁殖期的坦克类性情凶猛，爱打斗，需密切观察。稳定生产的红尾坦克种鱼平均 30 d 左右繁殖 1 次，每窝能产 1 000～3 000 枚受精卵不等。发现亲鱼产卵后可把雌鱼隔离并尽量减少对它的干扰。

## 第四节　病害防治

### 一、病害防治策略

疾病防治的策略是以防为主、及时发现、及早隔离和治疗。

健康养殖的疾病预防策略是通过提供良好、符合养殖对象习性的环境及营养，采取切断疾病传播途径的管理措施，达到降低疾病风险的目标。

健康养殖的理念要求在疾病已经发生时，采取对环境无危害的方式进行治疗，并采取措施防止病原扩散产生更大危害。

鲇形目鱼类最容易发生的是寄生虫病，病原包括口丝虫、卵圆鞭毛虫等体内和体外寄生虫。病鱼多出现体色不均匀性泛白、局部性出血红斑、呼吸急促、活动突然增加等症状，常见的治疗方式有物理性拔除（如鱼虱、车轮虫等体外寄生虫）、使用驱虫药物进行药浴，并适当加温加强水环境的稳定性增加治疗的成功率。

根据健康养殖的内涵和要求，一般应减少用药，降低疾病发生概率，可以按照以下措施进行预防：①入缸前做好检验检疫，挑选健壮、外观良好的个体；②保持良好水质，避免使用被污染的水源；③入缸前对环境进行消杀，保持足够的溶解氧量；④捕捞过程中避免损伤鱼体。

## 二、主要疾病及其预防

### （一）真菌性疾病

　　通常在鱼发情争地盘和交配打斗后因水温偏低而发生真菌感染。病鱼体表某处皮肤溃烂，长白色或黄褐色毛状霉菌。鱼游动异常，不爱躲，不摄食，呼吸急促，继而死亡。预防方法是：捕捞搬运时避免损伤鱼体；新鱼要在入缸前消毒；鱼有外伤时提高水温至31 ℃，增强充氧，并泼洒水产用聚维酮碘0.3～0.5 mg/L。

### （二）细菌性疾病

　　细菌性感染多发生于繁殖期，特别是雌鱼成熟度较高而没有交配时，也常见于系统内氨氮等有害物含量高时，投喂不洁饵料也会引起细菌性肠炎等发生。病鱼通常表现为身体浮肿、腹水、体表部分或全身充血，各鳍基部充血，鳍条腐烂，游动异常，反应迟缓，呼吸急促，继而死亡。预防方法是：注意食物清洁、卫生，不使用过期、变质饲料；保持良好水质，氨氮、亚硝酸盐控制在适宜范围内；避免大量换水引起水温、水质骤变。

### （三）寄生虫及原生动物性疾病

　　异型鱼类易感染体内原虫，特别是在下缸不久没适应新环境又摄食了生鲜饵料的情况下易发。主要表现为全身性浮肿、突眼、身体红斑等并迅速死亡。预防措施是减少或不喂生鲜饵料，必须投喂生鲜饲料时应先消毒。

### （四）病毒性疾病

　　异型鱼类感染病毒性疾病的原因不详。表现与细菌性感染相似，病鱼死亡更快更多，常会出现整缸鱼死亡的现象。预防措施与细菌性疾病相同。

## 三、常见疾病及治疗

**1. 白点病**

【症状及病原】由原生动物小瓜虫侵入鱼体皮肤或鳃部而引发，在患病初期，病鱼会用身体摩擦硬物。病鱼体表、鳍条和鳃上可见许多小白点。病鱼消瘦，很少活动。后期体表如同覆盖一层白色薄膜，黏液增多，体色暗淡无光。

【治疗方法】

① 提高水温至30 ℃，用0.5%浓度的盐水浸泡数天。

② 用2 mg/L亚甲基蓝溶液每天浸泡6 h。

**2. 胡椒病**

【症状及病原】由卵原鞭毛虫引起，病症与白点病类似，但病原颜色偏黄，附着也较致密，形似胡椒。患病初期较难察觉，但可以由呼吸急促、缩鳍、分泌大量黏液判断，多与水质恶化、水温急剧变化有关。

【治疗方法】治疗方法与白点病相同。

**3. 水霉病**

【症状及病原】因身体外伤，导致水霉感染。主要表现是体表或鳍生长棉絮状白毛，鱼体消瘦。

【治疗方法】

① 提高水温至 30 ℃，用亚甲基蓝 2 mg/L＋甲醛 20 mg/L 合剂全池泼洒，隔天再用 1 次，共施药 3 次。

② 用鱼用中成药，按照药物使用说明，一般为浸泡或浸出液全缸泼洒。

**4. 鱼虱病**

【症状及病原】鱼虱，体外寄生虫，可肉眼观测，多发生在无骨板保护处，如腹部、背鳍和胸鳍基部，寄生处皮肤变白。

【治疗方法】可以药浴或物理性拔除。

**5. 口丝虫病、双殖吸虫病**

【症状及病原】口丝虫寄生处会出现点状出血红斑，体表泛白，身体虚弱。双殖吸虫病与口丝虫病症状相似，病鱼身体两侧会出现小黑点。

【治疗方法】可使用广谱性的外用寄生虫药。

（文：韦慧，图：汪学杰、刘超、科朗水族、斌记水族）

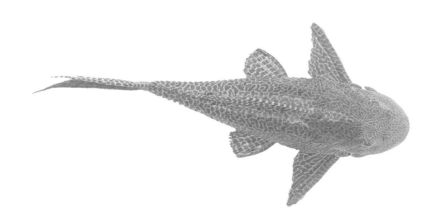

**图书在版编目（CIP）数据**

淡水观赏鱼健康养殖技术 / 汪学杰主编 . —北京：
中国农业出版社，2023.7（2024.3 重印）
ISBN 978 - 7 - 109 - 30932 - 6

Ⅰ . ①淡… Ⅱ . ①汪… Ⅲ . ①观赏鱼类—淡水养殖
Ⅳ . ①S965.819

中国国家版本馆 CIP 数据核字（2023）第 137027 号

中国农业出版社出版

地址：北京市朝阳区麦子店街 18 号楼
邮编：100125
责任编辑：杨晓改    文字编辑：蔺雅婷    李文文
版式设计：王    晨    责任校对：刘丽香
印刷：北京缤索印刷有限公司
版次：2023 年 7 月第 1 版
印次：2024 年 3 月北京第 2 次印刷
发行：新华书店北京发行所
开本：700mm×1000mm    1/16
印张：12.5
字数：238 千字
定价：98.00 元